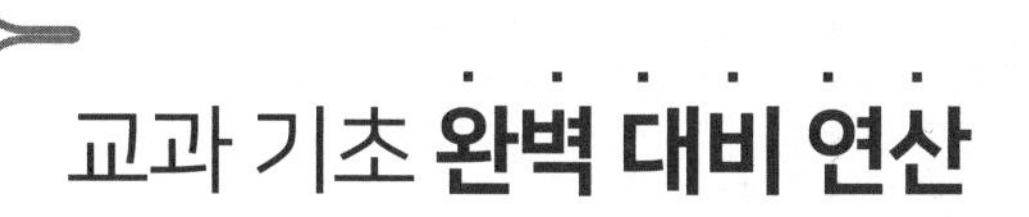

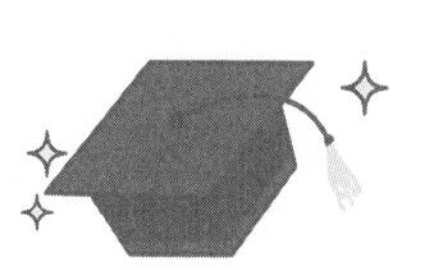

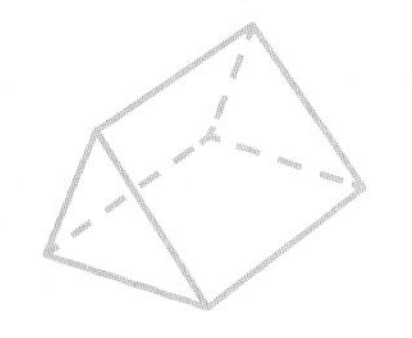

초등

2학년 1학기

교과셈

책을 내면서

연산은 교과 학습의 시작

효율적인 교과 학습을 위해서 반복 연습이 필요한 연산은 미리 연습되는 것이 좋습니다. 교과 수학을 공부할 때 새로운 개념과 생각하는 방법에 집중해야 높은 성취도를 얻을 수 있습니다. 새로운 내용을 배우면서 반복 연습이 필요한 내용은 학생들의 생각을 방해하거나 학습 속도를 늦추게 되어 집중해야 할 순간에 집중할 수 없는 상황이 되어 버립니다. 이 책은 교과 수학 공부를 대비하여 공부할 때 최고의 도움이 되도록 했습니다.

원리와 개념을 익히고 반복 연습

원리와 개념을 익히면서 연습을 하면 계산력뿐만 아니라 상황에 맞는 연산 방법을 선택할 수 있는 힘을 키울 수 있고, 교과 학습에서 연산과 관련된 원리 학습을 쉽게 이해할 수 있습니다. 숫자와 기호만 반복하는 경우에 수 연산 관련 문제가 요구하는 내용을 파악하지 못하여 계산은 할 줄 알지만 식을 세울 수 없는 경우들이 있습니다. 수학은 결과뿐 아니라 과정도 중요한 학문입니다.

사칙 연산을 넘어 반복이 필요한 전 영역 학습

사칙 연산이 연습이 제일 많이 필요하긴 하지만 도형의 공식도 연산이 필요하고, 대각선의 개수를 구할 때나 시간을 계산할 때도 연산이 필요합니다. 전통적인 연산은 아니지만 계산력을 키우기 위한 반복 연습이 필요합니다. 이 책은 학기별로 반복 연습이 필요한 전 영역을 공부하도록 하고, 어떤 식을 세워서 해결해야 하는지 이해하고 연습하도록 원리를 이해하는 과정을 다루고 있습니다.

다양한 접근 방법

수학의 풀이 방법이 한 가지가 아니듯 연산도 상황에 따라 더 합리적인 방법이 있습니다. 한 가지 방법만 반복하는 것은 수 감각을 키우는데 한계를 정해 놓고 공부하는 것과 같습니다. 반복 연습이 필요한 내용은 정확하고, 빠르게 해결하기 위한 감각을 키우는 학습입니다. 그럴수록 다양한 방법을 익히면서 공부해야 간결하고, 합리적인 방법으로 답을 찾아낼 수 있습니다.

올바른 연산 학습의 시작은 교과 학습의 완성도를 높여 줍니다. 교과셈을 통해서 효율적인 수학 공부를 할 수 있도록 하세요.

지은이 천종현

교과셈

특징

1. 교과셈 한 권으로 교과 전 영역 기초 완벽 준비!

사칙 연산을 포함하여 반복 연습이 필요한 교과 전 영역을 다룹니다.

2. 원리의 이해부터 실전 연습까지!

원리의 이해부터 실전 문제 풀이까지 쉽고 확실하게 학습할 수 있습니다.

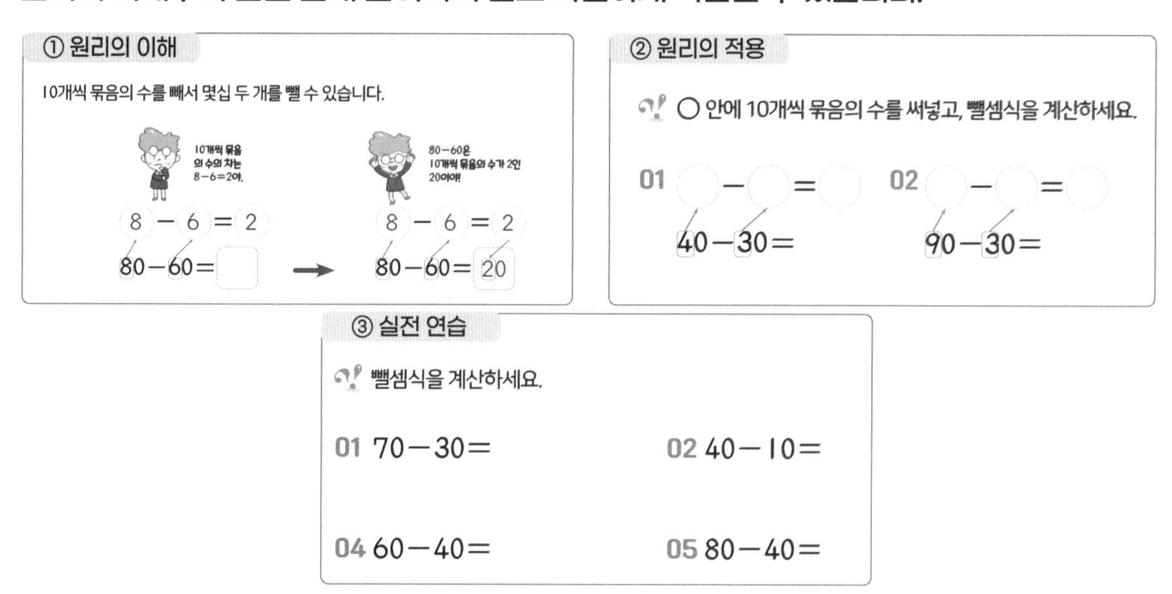

3. 다양한 연산 방법 연습!

다양한 연산 방법을 연습하면서 수를 다루는 감각도 키우고,
상황에 맞춘 더 정확하고 빠른 계산을 할 수 있도록 하였습니다.

뺄셈을 하더라도 두 가지 방법
모두 배우면 더 빠르고 정확하게
계산할 수 있어요!

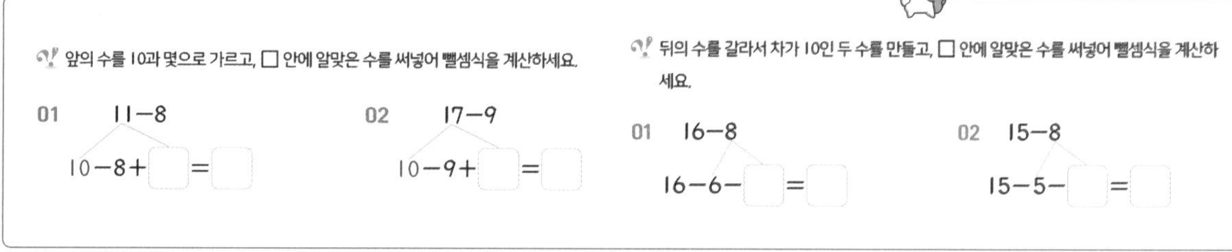

교과셈이 추천하는

학습 계획

한 권의 교재는 32개 강의로 구성
한 개의 강의는 두 개 주제로 구성
매일 한 강의씩, 또는 한 개 주제씩 공부해 주세요.

☑ 매일 한 개 강의씩 공부한다면 32일 완성 과정
복습을 하거나, 빠르게 책을 끝내고 싶은 아이들에게 추천합니다.

☑ 매일 한 개 주제씩 공부한다면 64일 완성 과정
하루 한 장 꾸준히 하고 싶은 아이들에게 추천합니다.

성취도 확인표, 이렇게 확인하세요!

교과셈 6학년 1학기

2 PART 소수의 나눗셈

차시별로 정답률을 확인하고, 성취도에 ○표 하세요.

80% 이상 맞혔어요. / 60%~80% 맞혔어요. / 60% 이하 맞혔어요.

차시	단원	성취도
8	몫이 소수인 자연수의 나눗셈 세로셈	
9	몫이 소수인 자연수의 나눗셈 세로셈 연습	
10	몫이 소수인 자연수의 나눗셈 이해	
11	(소수)÷(자연수) 세로셈	
12	(소수)÷(자연수) 세로셈 연습 1	
13	(소수)÷(자연수) 세로셈 연습 2	
14	(소수)÷(자연수) 이해	
15	소수의 나눗셈 어림하기	
16	소수의 나눗셈 연습 1	
17	소수의 나눗셈 연습 2	

속도보다는 정확도가 중요하고, 정확도보다는 꾸준한 학습이 중요합니다! 꾸준히 할 수 있도록 하루 학습량을 적절하게 설정하여 꾸준히, 그리고 더 정확하게 풀면서 마지막으로 학습 속도도 높여 주세요!

채점하고 정답률을 계산해 성취도 확인표에 표시해 주세요. 복습할 때 정답률이 낮은 부분 위주로 하시면 됩니다. 한 장에 10분을 목표로 진행합니다. 단, 풀이 속도보다는 정답률을 높이는 것을 목표로 하여 학습을 지도해 주세요!

교과셈 2학년 1학기

연계 교과

단원	연계 교과 단원	학습 내용
Part 1 두 자리 수의 덧셈	2학년 1학기 · 3단원 덧셈과 뺄셈	· 받아올림이 있는 (두 자리 수)+(한 자리 수) · 받아올림이 있는 (두 자리 수)+(두 자리 수) · 세로셈으로 덧셈하기 POINT 교과서에서 두 자리 수의 덧셈을 여러 가지 방법으로 공부합니다. 본 교재에서는 크게 두 가지 방법으로 자리별로 계산하는 방법, 몇십을 만들어서 계산하는 방법을 익히고 덧셈을 공부합니다. 두 방법의 원리를 이해하도록 하고, 연습은 둘 중 편한 방법으로 하는 것이 좋습니다.
Part 2 두 자리 수의 뺄셈	2학년 1학기 · 3단원 덧셈과 뺄셈	· 받아내림이 있는 (두 자리 수)−(한 자리 수) · 받아내림이 있는 (두 자리 수)−(두 자리 수) · 세로셈으로 뺄셈하기 POINT 두 자리 수의 덧셈과 마찬가지로 자리별로 계산하는 방법과 몇십을 만들어서 계산하는 방법을 익히면서 뺄셈을 공부합니다. 두 방법의 원리를 이해하도록 하고, 연습은 둘 중 편한 방법으로 하는 것이 좋습니다.
Part 3 덧셈과 뺄셈의 관계	2학년 1학기 · 3단원 덧셈과 뺄셈	· 덧셈식, 뺄셈식으로 다른 식 만들기 · □가 있는 덧셈식, 뺄셈식과 □ 구하기 POINT 2학년 교과서는 서로 바꿀 수 있는 덧셈식과 뺄셈식을 배워서 □가 있는 덧셈식, 뺄셈식에서 □를 구하도록 합니다. 덧셈식과 뺄셈식의 관계를 그림으로 쉽게 이해하고, 모르는 수 □를 구할 수 있도록 합니다.
Part 4 곱셈	2학년 1학기 · 6단원 곱셈	· 곱셈의 이해 · 곱셈식을 변형하기 POINT 곱셈의 개념을 배우고, 다양한 방법으로 곱셈을 변형하여 곱셈구구를 하기에 앞서 곱셈식의 값을 구할 수 있도록 합니다. 곱셈을 깊이 있게 이해할 수 있습니다.

교과셈

자세히 보기

원리의 이해

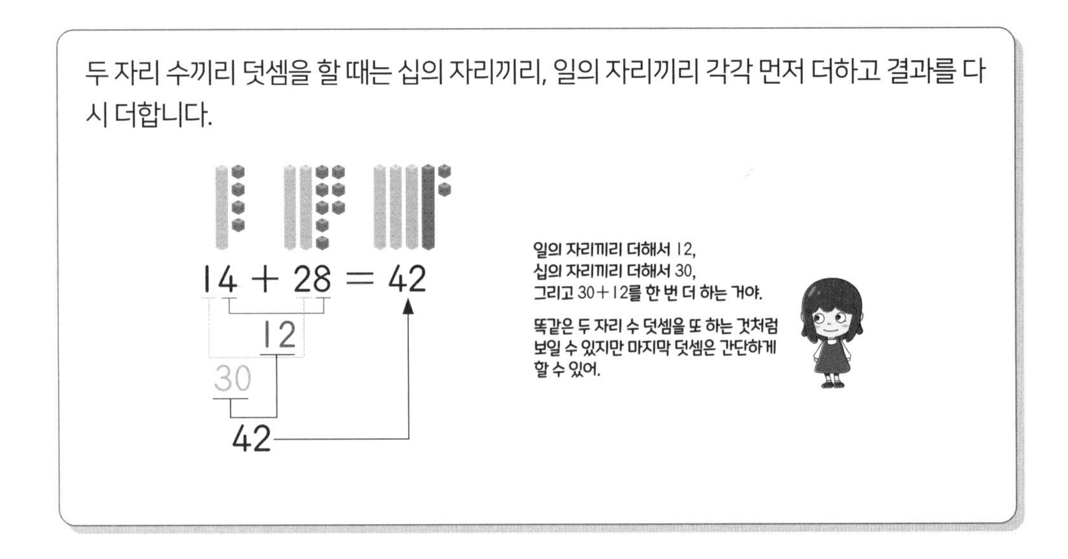

식뿐만 아니라 그림도 최대한 활용하여 개념과 원리를 쉽게 이해할 수 있도록 하였습니다. 또한 캐릭터의 설명으로 원리에서 핵심만 요약했습니다.

단계화된 연습

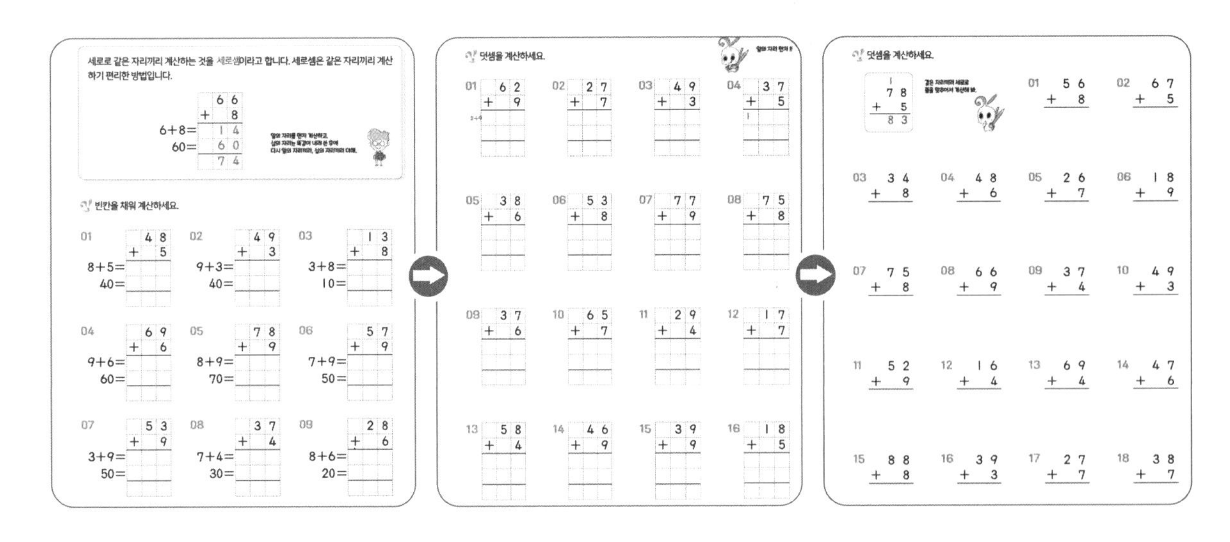

처음에는 원리에 따른 연산 방법을 따라서 연습하지만, 풀이 과정을 단계별로 단순화하고, 실전 연습까지 이어집니다.

다양한 연습

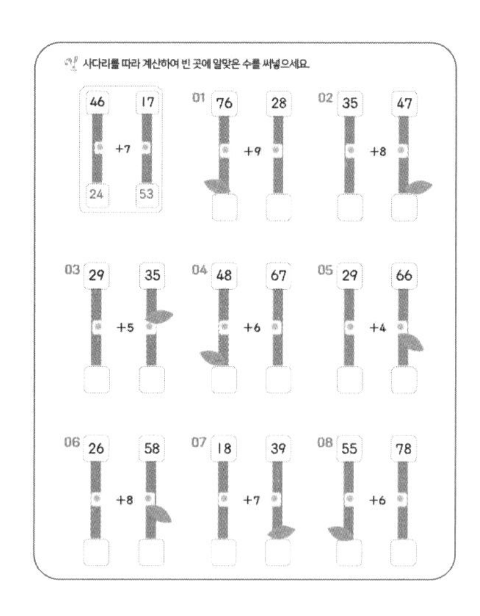

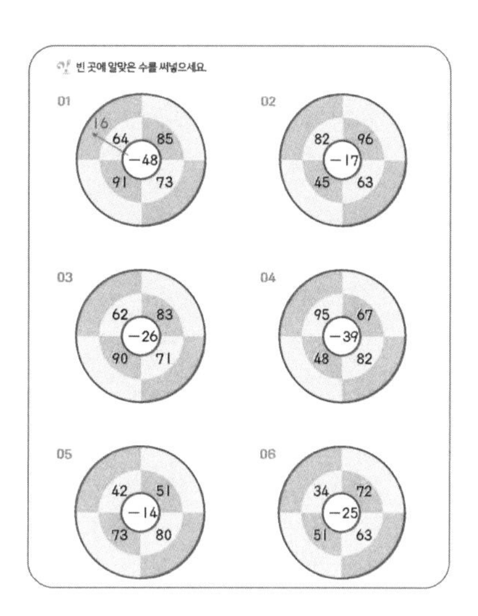

전형적인 형태의 연습 문제 위주로 집중 연습을 하지만 여러 형태의 문제도 다루면서 지루함을 최소화하도록 구성했습니다.

교과 확인

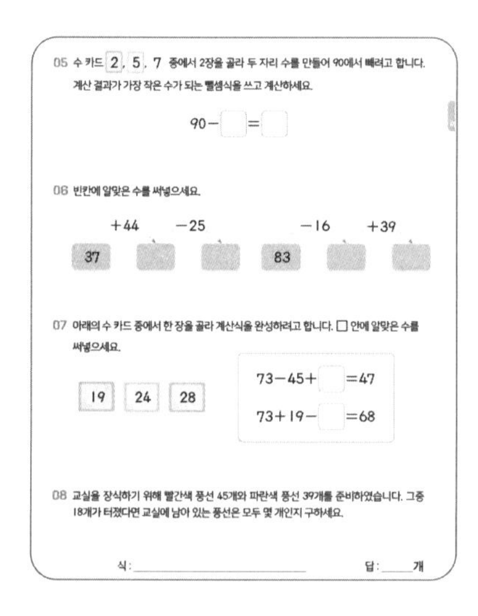

교과 유사 문제를 통해 성취도도 확인하고 교과 내용의 흐름도 파악합니다.

재미있는 퀴즈

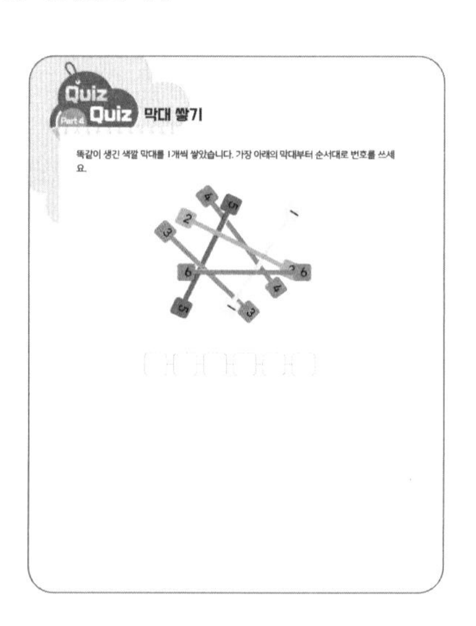

학년별 수준에 맞춘 알쏭달쏭 퀴즈를 풀면서 주위를 환기하고 다음 단원, 다음 권을 준비합니다.

교과셈

전체 단계

단계	Part	내용
1-1	Part 1	9까지의 수
	Part 2	모으기, 가르기
	Part 3	덧셈과 뺄셈
	Part 4	받아올림과 받아내림의 기초
1-2	Part 1	100까지의 수
	Part 2	두 자리 수 덧셈, 뺄셈의 기초
	Part 3	(몇)+(몇)=(십몇)
	Part 4	(십몇)−(몇)=(몇)
2-1	Part 1	두 자리 수의 덧셈
	Part 2	두 자리 수의 뺄셈
	Part 3	덧셈과 뺄셈의 관계
	Part 4	곱셈
2-2	Part 1	곱셈구구
	Part 2	곱셈식의 □ 구하기
	Part 3	길이의 계산
	Part 4	시각과 시간의 계산
3-1	Part 1	덧셈과 뺄셈
	Part 2	나눗셈
	Part 3	곱셈
	Part 4	길이와 시간의 계산
3-2	Part 1	곱셈
	Part 2	나눗셈
	Part 3	분수
	Part 4	들이와 무게
4-1	Part 1	각도
	Part 2	곱셈
	Part 3	나눗셈
	Part 4	규칙이 있는 계산
4-2	Part 1	분수의 덧셈과 뺄셈
	Part 2	소수의 덧셈과 뺄셈
	Part 3	다각형의 변과 각
	Part 4	가짓수 구하기와 다각형의 각
5-1	Part 1	자연수의 혼합 계산
	Part 2	약수와 배수
	Part 3	약분과 통분, 분수의 덧셈과 뺄셈
	Part 4	다각형의 둘레와 넓이
5-2	Part 1	수의 범위와 어림하기
	Part 2	분수의 곱셈
	Part 3	소수의 곱셈
	Part 4	평균 구하기
6-1	Part 1	분수의 나눗셈
	Part 2	소수의 나눗셈
	Part 3	비와 비율
	Part 4	직육면체의 부피와 겉넓이
6-2	Part 1	분수의 나눗셈
	Part 2	소수의 나눗셈
	Part 3	비례식과 비례배분
	Part 4	원주와 원의 넓이

두 자리 수의 덧셈

차시별로 정답률을 확인하고, 성취도에 O표 하세요.

80% 이상 맞혔어요. 60% ~ 80% 맞혔어요. 60% 이하 맞혔어요.

차시	단원	성취도
1	(두 자리 수)+(한 자리 수) 자리 나누어 더하기	
2	(두 자리 수)+(한 자리 수) 몇십 만들어 더하기	
3	(두 자리 수)+(한 자리 수) 세로셈	
4	(두 자리 수)+(한 자리 수) 연습	
5	(두 자리 수)+(두 자리 수) 자리 나누어 더하기	
6	(두 자리 수)+(두 자리 수) 몇십 만들어 더하기	
7	(두 자리 수)+(두 자리 수) 세로셈	
8	(두 자리 수)+(두 자리 수) 연습	
9	두 자리 수 덧셈 종합 연습	

그림과 같이 10에 가까운 수가 10이 되도록 수를 옮기면 수를 세기가 편리해집니다.

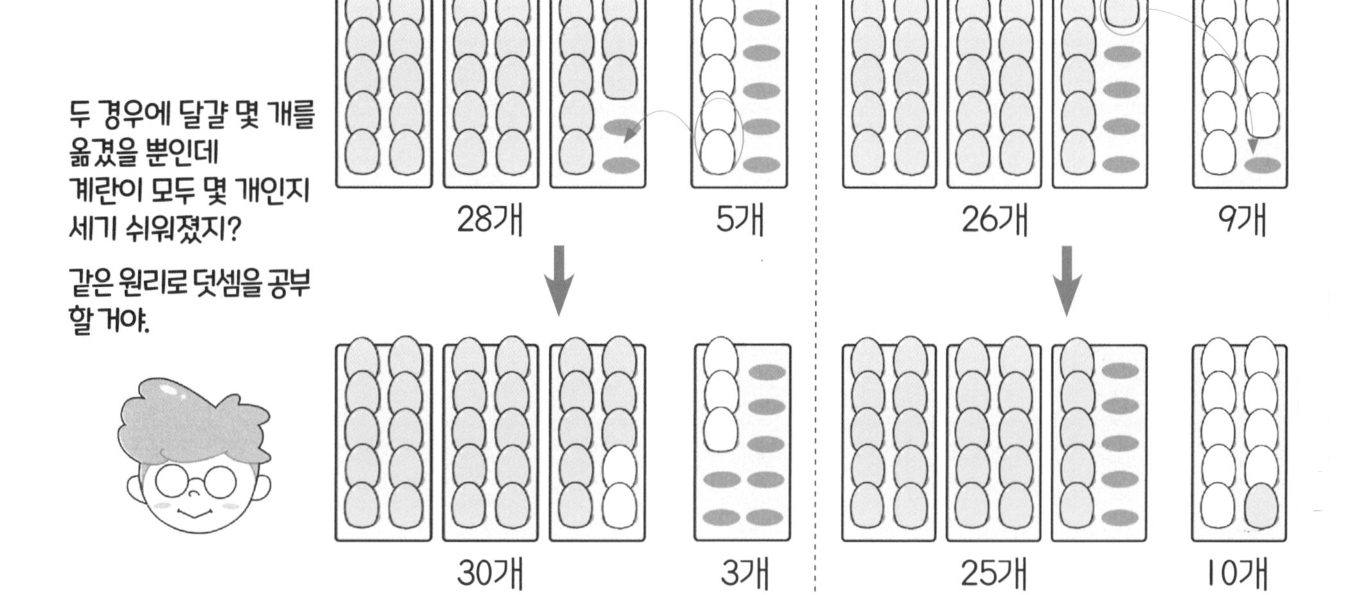

01 (두 자리 수)+(한 자리 수) 자리 나누어 더하기

A 일의 자리끼리 더해요

두 자리 수와 한 자리 수의 덧셈은 일의 자리끼리 먼저 더하고, 십이 넘어가면 십의 자리에 1을 더합니다.

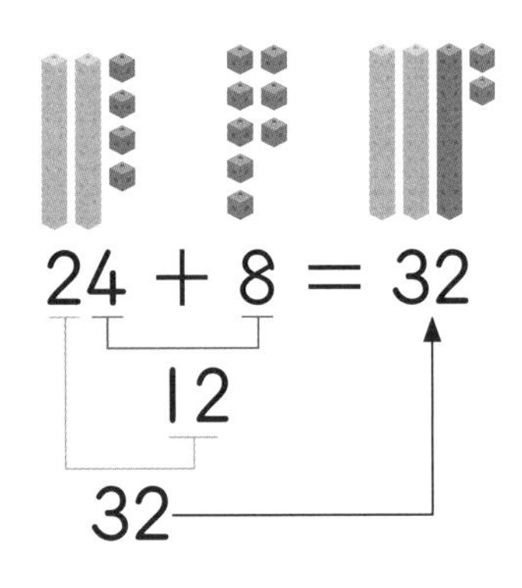

일의 자리끼리 더해서 12면
십의 자리에 1을 더하고,
2는 합의 일의 자리 숫자로 써.

□ 안에 알맞은 수를 채워 계산하세요.

01 19 + 3

02 56 + 7

03 48 + 3

04 35 + 7

05 58 + 9

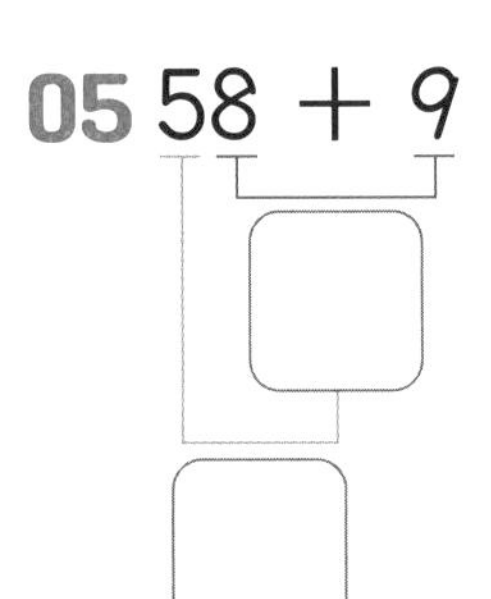

06 17 + 8

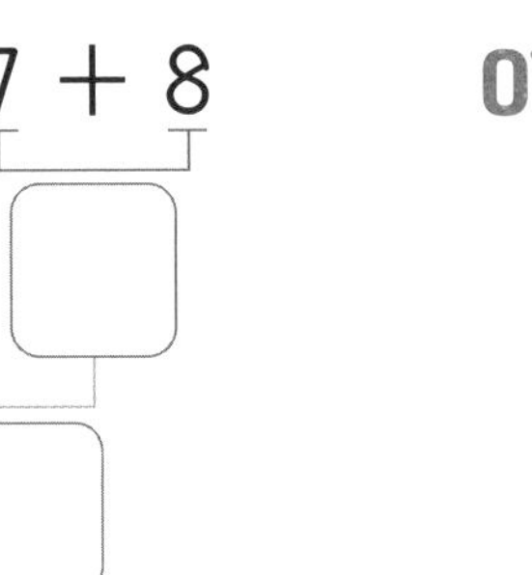

07 24 + 7

08 49 + 6

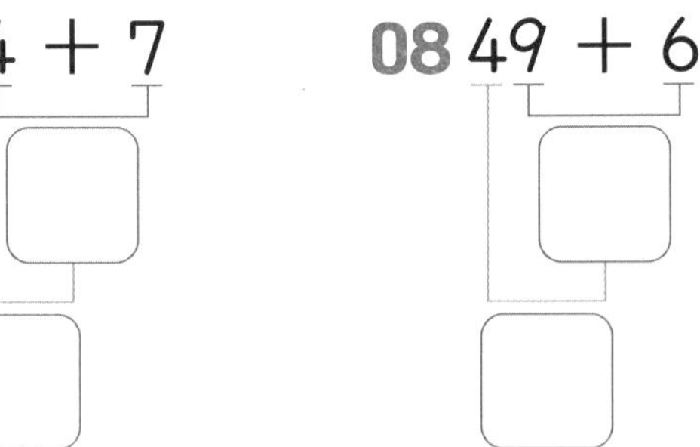

09 37 + 7

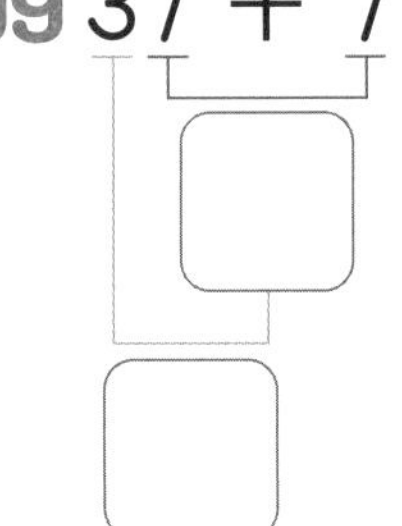

10 49 + 7

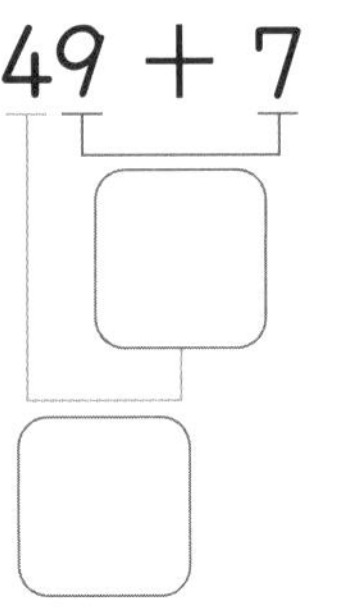

11 38 + 5

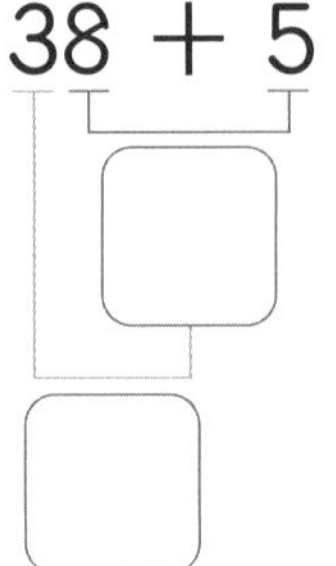

12 76 + 8

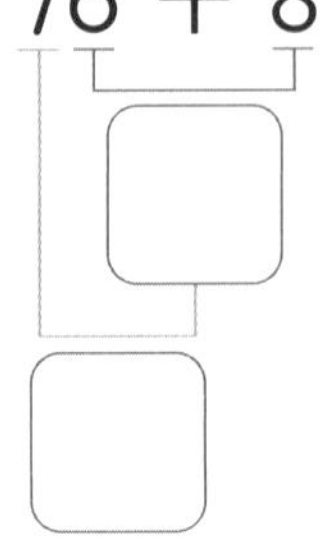

계산하세요.

01 $66+5=$

02 $25+9=$

03 $44+7=$

04 $38+6=$

05 $67+7=$

06 $38+4=$

07 $23+9=$

08 $17+8=$

09 $46+9=$

10 $34+8=$

11 $65+5=$

12 $54+8=$

13 $48+3=$

14 $25+8=$

15 $31+9=$

16 $83+9=$

17 $79+3=$

18 $86+5=$

(두 자리 수)+(한 자리 수) 자리 나누어 더하기

01 B 일의 자리끼리 먼저 계산해요

계산하세요.

01 $74+8=$

02 $48+8=$

03 $64+9=$

04 $59+2=$

05 $35+7=$

06 $49+4=$

07 $52+8=$

08 $48+3=$

09 $45+7=$

10 $33+9=$

11 $76+9=$

12 $68+6=$

13 $59+7=$

14 $19+5=$

15 $49+8=$

16 $67+6=$

17 $59+3=$

18 $85+6=$

공부한 날 : 월 일

빈 곳에 두 수의 합을 써넣으세요.

01
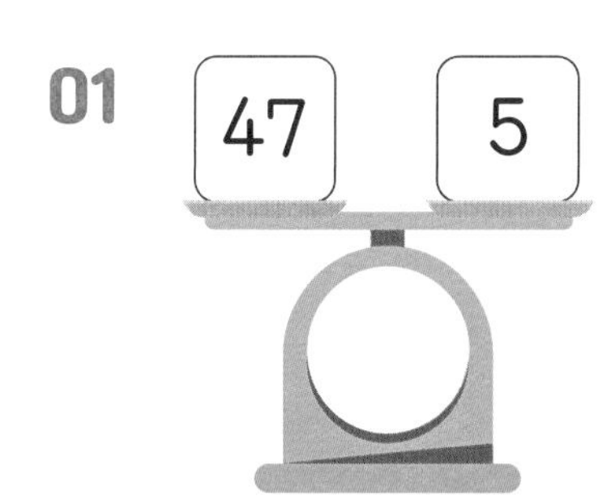

02
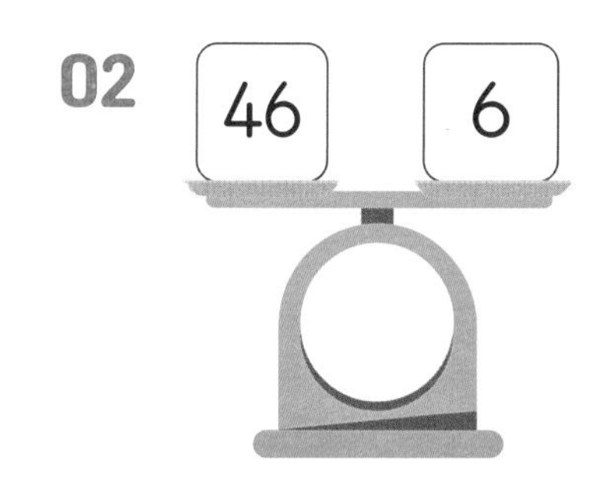

03
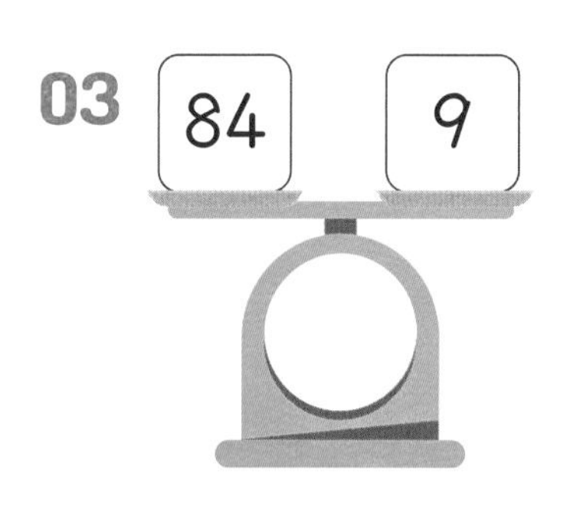

04
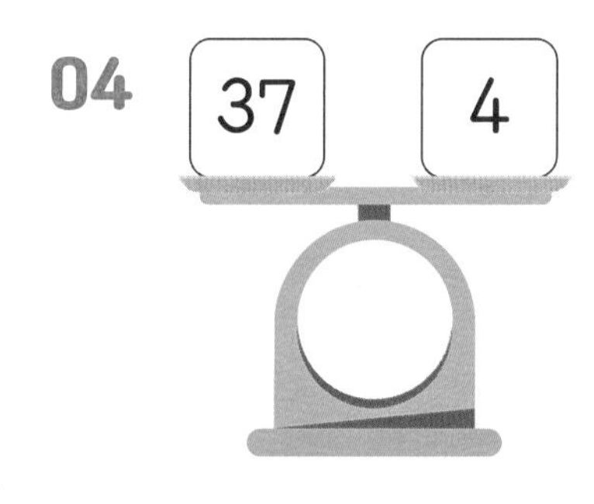

05
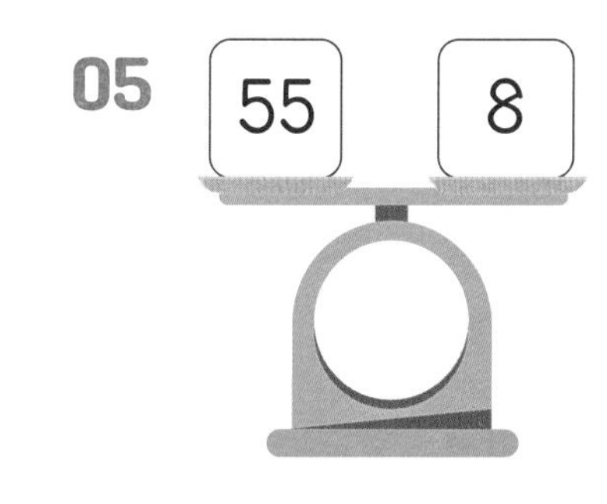

06
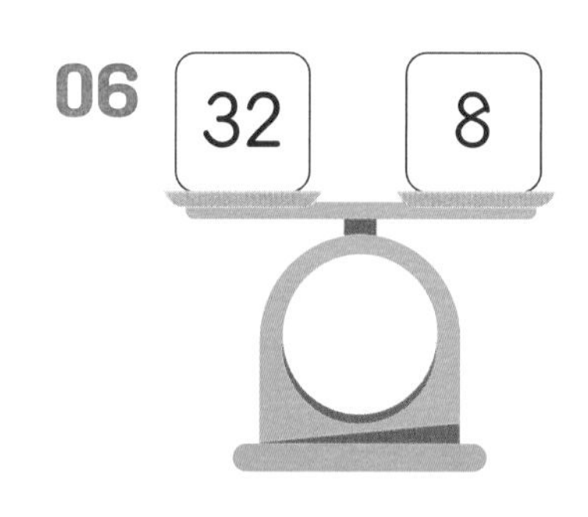

07
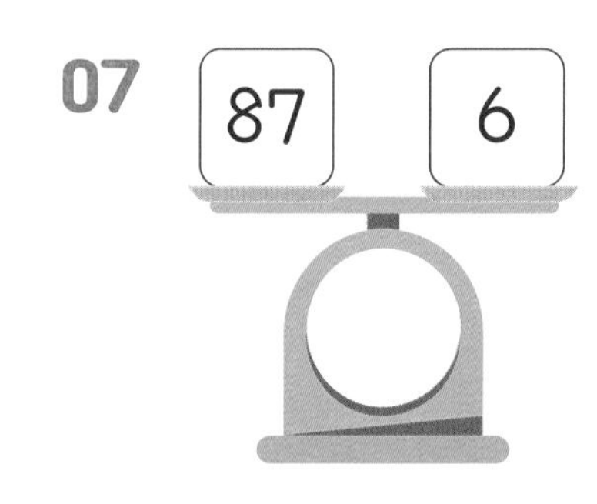

08
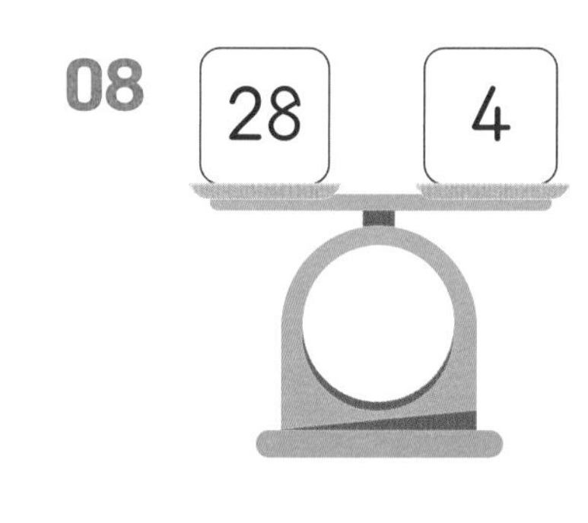

09
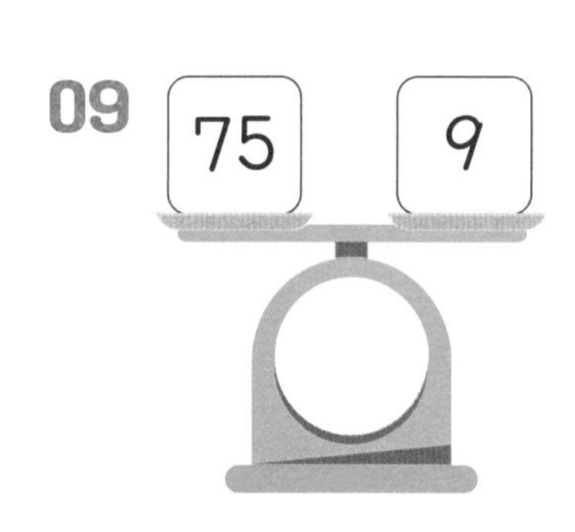

10

11
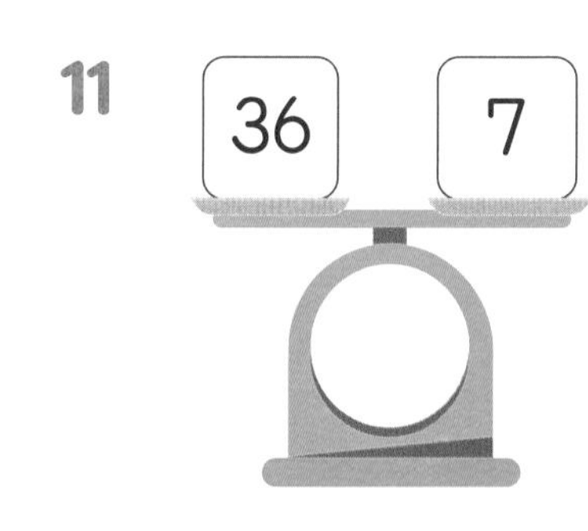

12
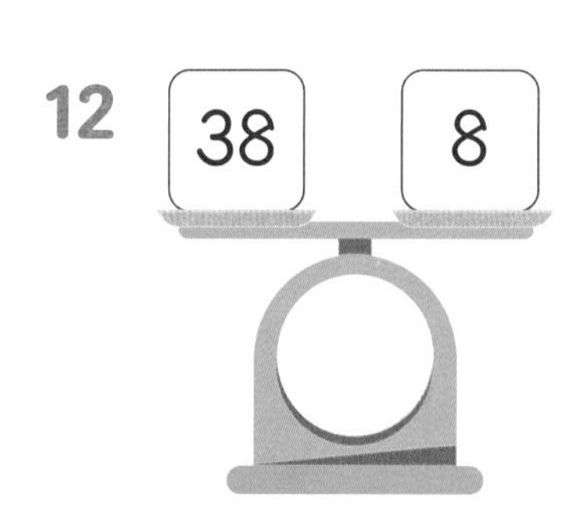

13
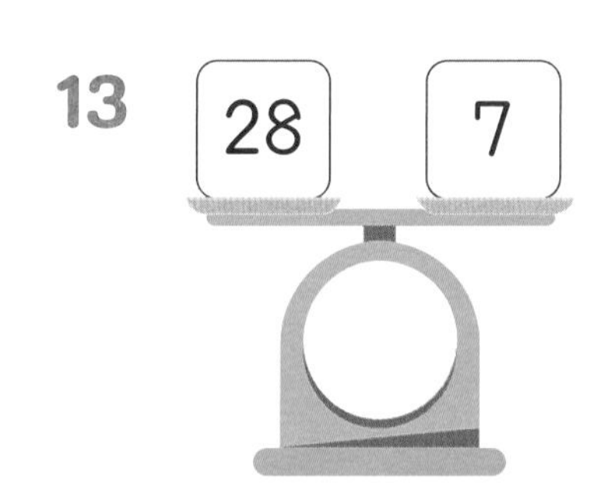

14
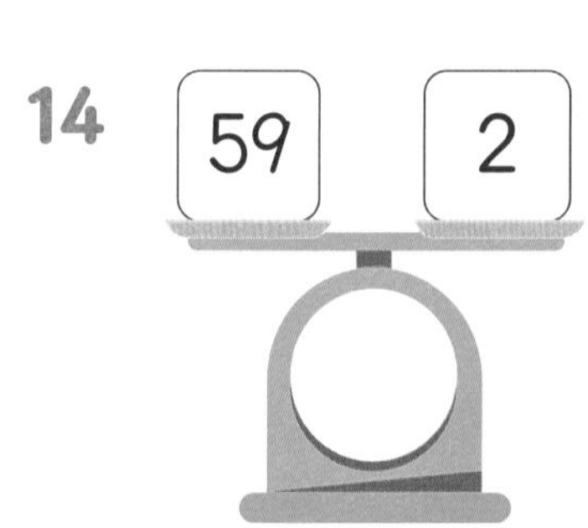

02 (두 자리 수)+(한 자리 수) 몇십 만들어 더하기

A 작은 수에서 수를 옮겨서 큰 수를 몇십으로 만들어요

앞의 수의 일의 자리 수가 크면 뒤의 수에서 수를 옮겨서 앞의 수를 몇십으로 만들어 간편하게 계산할 수 있습니다.

$19+3=20+2=22$

1

수를 옮겨서 몇십을 만들면 다음 계산은 아주 쉬워진다구~

□ 안에 알맞은 수를 채워 계산하세요.

01 $38+6=40+\square=\square$ (□)

02 $27+5=30+\square=\square$ (□)

03 $69+3=70+\square=\square$ (□)

04 $58+4=60+\square=\square$ (□)

05 $77+6=80+\square=\square$ (□)

06 $49+5=50+\square=\square$ (□)

07 $28+7=30+\square=\square$ (□)

08 $69+7=70+\square=\square$ (□)

09 $49+6=50+\square=\square$ (□)

10 $17+4=20+\square=\square$ (□)

계산하세요.

01 $47+6=$

02 $29+3=$

03 $49+7=$

04 $38+9=$

05 $77+6=$

06 $18+4=$

07 $19+8=$

08 $68+6=$

09 $37+4=$

10 $27+4=$

11 $27+5=$

12 $58+3=$

13 $39+7=$

14 $38+4=$

15 $59+4=$

16 $28+5=$

17 $89+5=$

18 $17+4=$

02 B 수를 옮겨서 뒤의 수를 십으로 만들어요

뒤의 수가 앞의 수의 일의 자리보다 크면 앞의 수에서 수를 옮겨서 뒤의 수를 10으로 만들어 간편하게 계산할 수 있습니다.

$34+8=32+10=42$

2

□ 안에 알맞은 수를 채워 계산하세요.

01 $25+9=\square+10=\square$

□

02 $73+8=\square+10=\square$

□

03 $64+9=\square+10=\square$

□

04 $85+7=\square+10=\square$

□

05 $26+8=\square+10=\square$

□

06 $32+9=\square+10=\square$

□

07 $74+8=\square+10=\square$

□

08 $16+7=\square+10=\square$

□

09 $37+9=\square+10=\square$

□

10 $54+7=\square+10=\square$

□

계산하세요.

01 $57+8=$

02 $13+9=$

03 $36+7=$

04 $28+9=$

05 $73+9=$

06 $25+7=$

07 $24+8=$

08 $36+9=$

09 $43+8=$

10 $16+7=$

11 $14+8=$

12 $33+9=$

13 $47+9=$

14 $36+8=$

15 $52+9=$

16 $65+7=$

17 $44+8=$

18 $65+9=$

03 (두 자리 수)+(한 자리 수) 세로셈

A 세로셈으로 같은 자리끼리 계산해요

세로로 같은 자리끼리 계산하는 것을 세로셈이라고 합니다. 세로셈은 같은 자리끼리 계산하기 편리한 방법입니다.

		6	6
	+		8
6+8=		1	4
60=		6	0
		7	4

일의 자리를 먼저 계산하고,
십의 자리는 똑같이 내려 쓴 후에
다시 일의 자리끼리, 십의 자리끼리 더해.

계산하세요.

01

		4	8
	+		5
8+5=			
40=			

02

		4	9
	+		3
9+3=			
40=			

03

		1	3
	+		8
3+8=			
10=			

04

		6	9
	+		6
9+6=			
60=			

05

		7	8
	+		9
8+9=			
70=			

06

		5	7
	+		9
7+9=			
50=			

07

		5	3
	+		9
3+9=			
50=			

08

		3	7
	+		4
7+4=			
30=			

09

		2	8
	+		6
8+6=			
20=			

계산하세요.

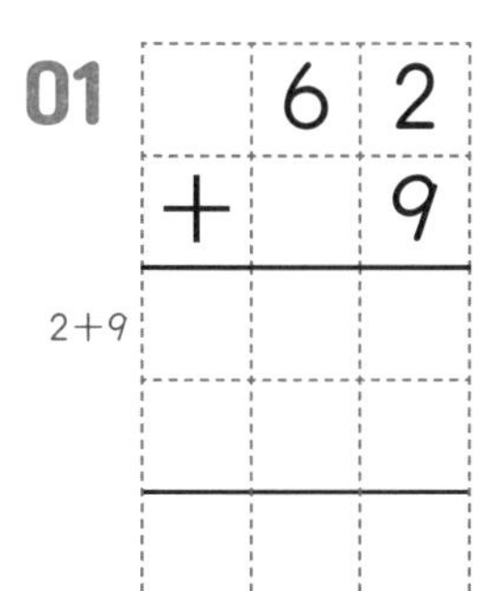

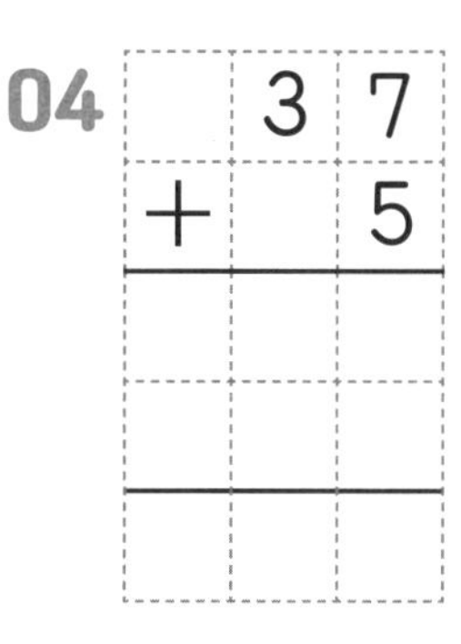

01 $62 + 9$ (2+9)

02 $27 + 7$

03 $49 + 3$

04 $37 + 5$

05 $38 + 6$

06 $53 + 8$

07 $77 + 9$

08 $75 + 8$

09 $37 + 6$

10 $65 + 7$

11 $29 + 4$

12 $17 + 7$

13 $58 + 4$

14 $46 + 9$

15 $39 + 9$

16 $18 + 5$

03 (두 자리 수)+(한 자리 수) 세로셈

B 받아올림은 따로 적어서 세로셈을 해요

같은 자리끼리 덧셈의 결과가 10이 넘어가서 위의 자리에 1을 올려 주는 것을 받아올림이라고 합니다. 세로셈은 받아올림을 표시하면서 계산하기 편한 방법입니다.

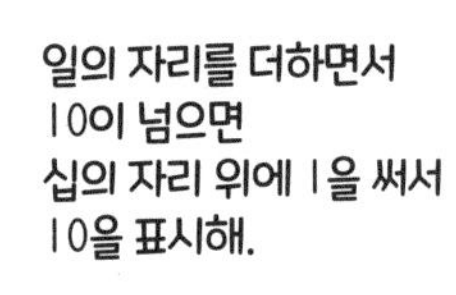

일의 자리를 계산하면서
써 놓은 1과 십의 자리 숫자를
더한 결과를 자리 맞추어 적어.

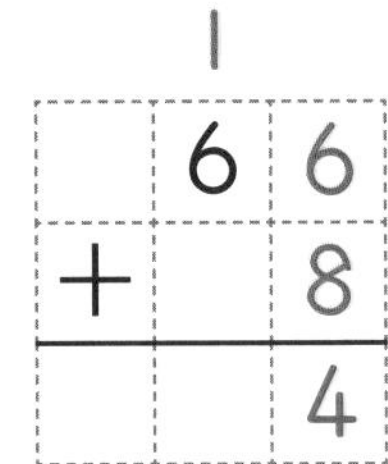

	1	
	6	6
+		8
	7	4

계산하세요.

01

	□	
	3	5
+		9

02

	□	
	5	6
+		8

03

	□	
	4	8
+		4

04

	□	
	3	5
+		8

05

	□	
	2	7
+		7

06

	□	
	5	6
+		9

07

	□	
	1	8
+		9

08

	□	
	3	4
+		8

09

	□	
	6	9
+		3

10

	□	
	2	8
+		5

11

	□	
	4	9
+		6

12

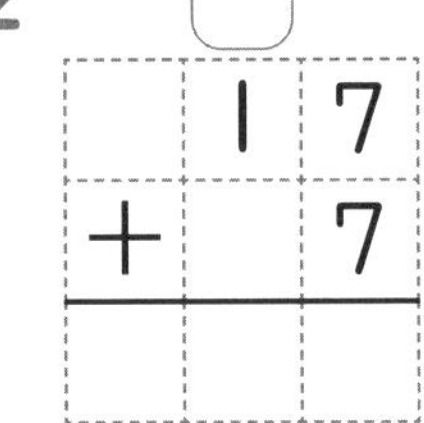

	□	
	1	7
+		7

계산하세요.

같은 자리끼리 세로로
줄을 맞추어서 계산해 봐.

01 $56 + 8$

02 $67 + 5$

03 $34 + 8$

04 $48 + 6$

05 $26 + 7$

06 $18 + 9$

07 $75 + 8$

08 $66 + 9$

09 $37 + 4$

10 $49 + 3$

11 $52 + 9$

12 $16 + 4$

13 $69 + 4$

14 $47 + 6$

15 $88 + 8$

16 $39 + 3$

17 $27 + 7$

18 $38 + 7$

(두 자리 수)+(한 자리 수) 연습

04 A 두 자리 수와 한 자리 수의 덧셈을 연습해요

계산하세요.

01 $47+6=$

02 $4+39=$

03 $27+4=$

04 $7+28=$

05 $66+7=$

06 $9+55=$

07 $5+15=$

08 $25+9=$

09 $6+38=$

10 $7+68=$

11 $58+6=$

12 $7+69=$

13 $34+8=$

14 $5+48=$

15 $49+3=$

16 $9+14=$

17 $17+5=$

18 $5+69=$

계산하세요.

01 $17+8=$

02 $9+52=$

03 $75+6=$

04 $8+47=$

05 $36+9=$

06 $6+46=$

07 $4+56=$

08 $65+8=$

09 $9+39=$

10 $8+16=$

11 $19+4=$

12 $7+58=$

13 $47+5=$

14 $3+29=$

15 $74+6=$

16 $5+29=$

17 $79+3=$

18 $8+16=$

04 B (두 자리 수)+(한 자리 수) 연습
규칙을 살피고 계산해요

빈칸에 알맞은 수를 써넣으세요.

01

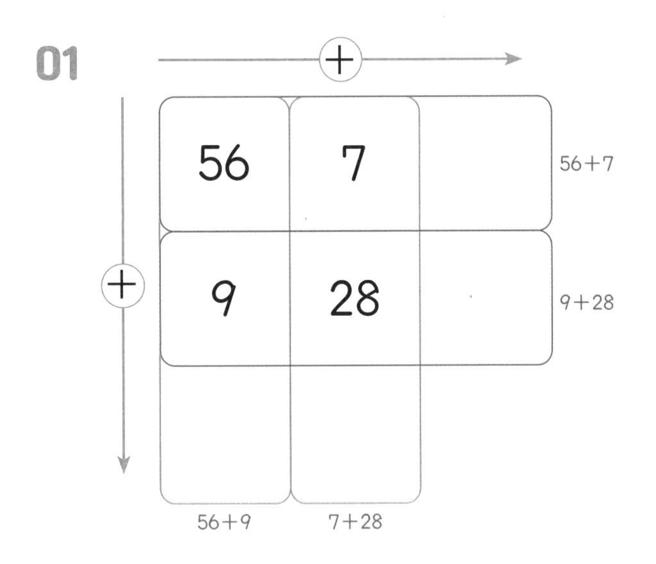

02

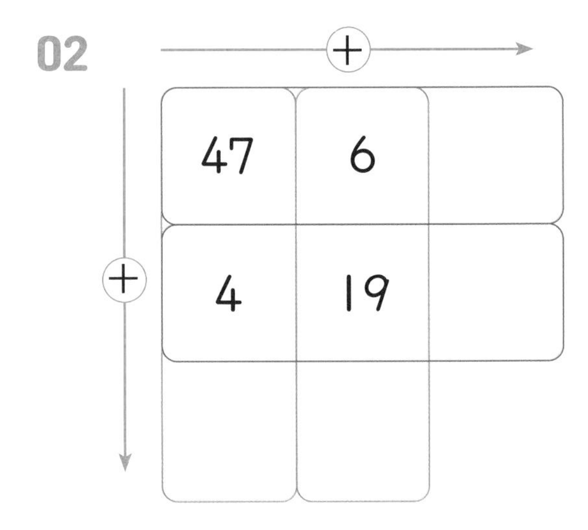

03

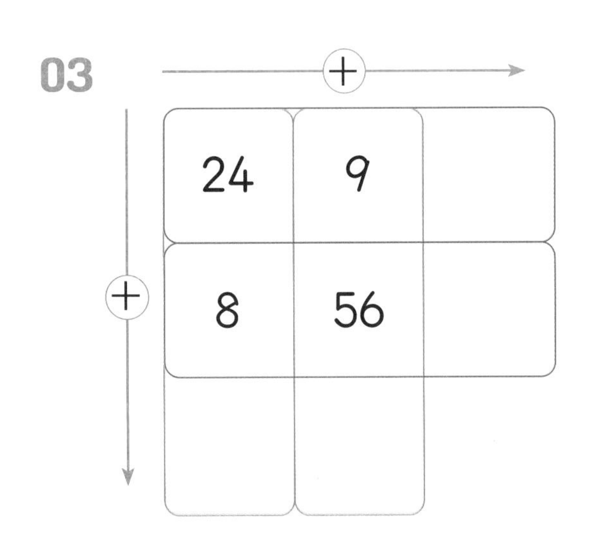

04

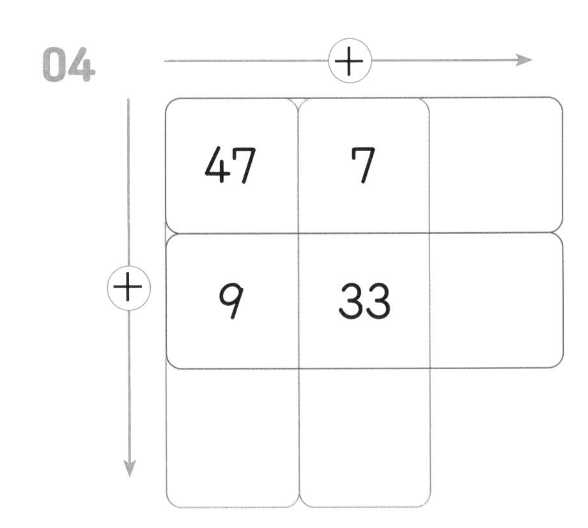

05

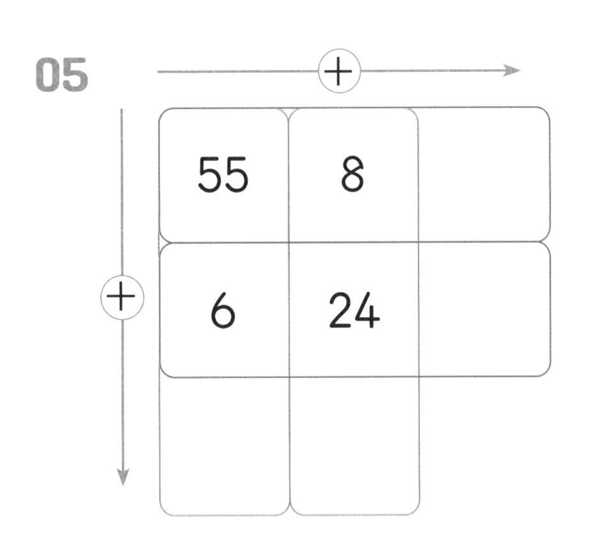

06

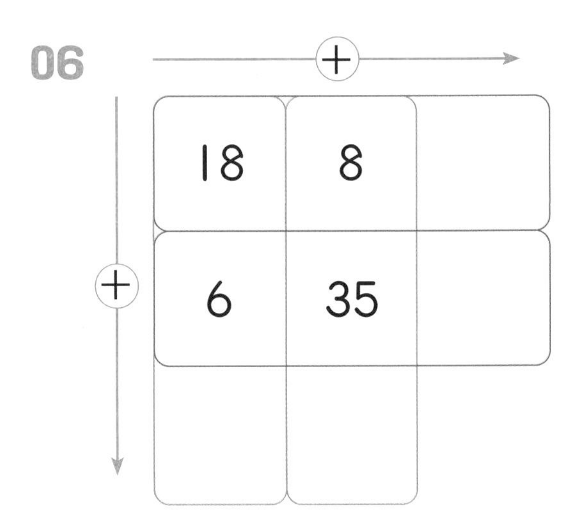

사다리를 따라 계산하여 □ 안에 알맞은 수를 써넣으세요.

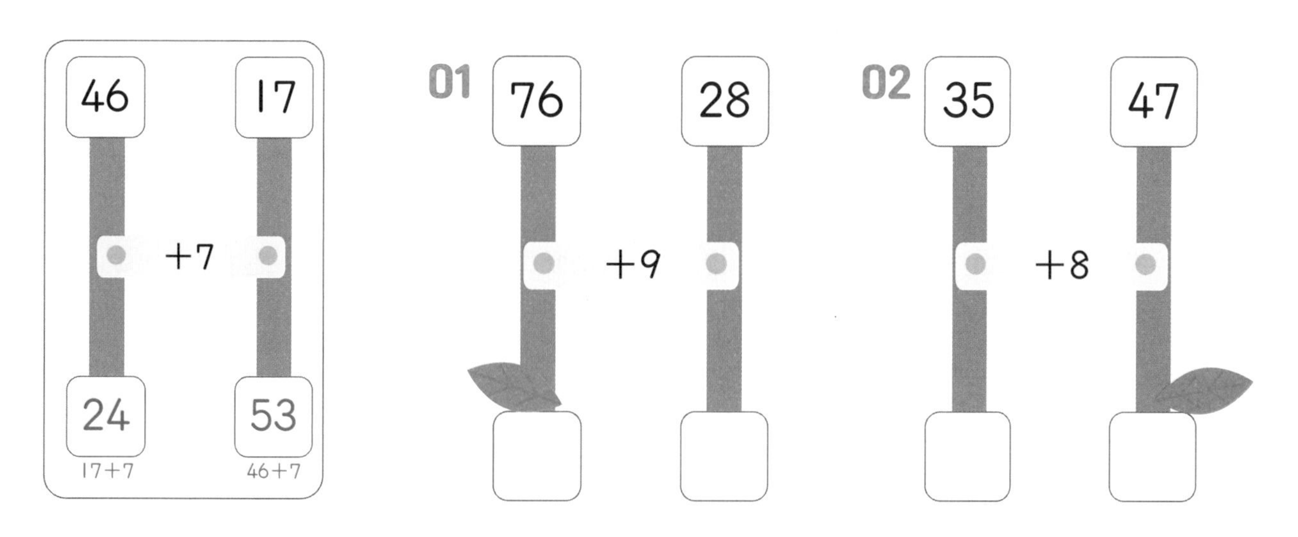

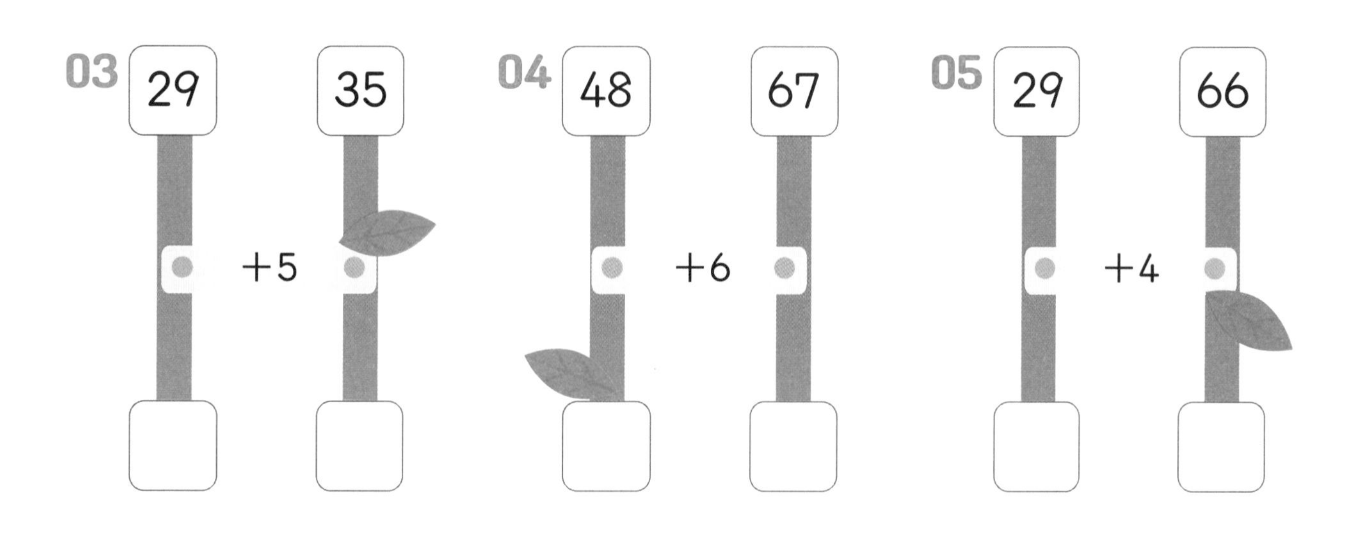

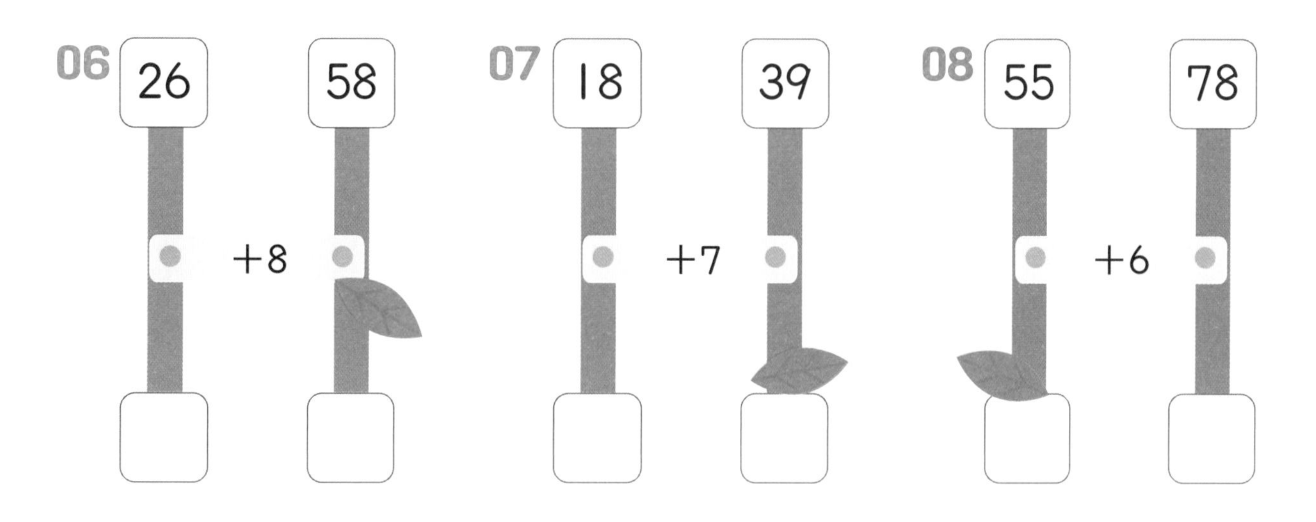

(두 자리 수)+(두 자리 수) 자리 나누어 더하기

05 A 일의 자리만 받아올림 되는 경우를 먼저 연습해요

두 자리 수끼리 덧셈을 할 때는 십의 자리끼리, 일의 자리끼리 각각 먼저 더하고 결과를 다시 더합니다.

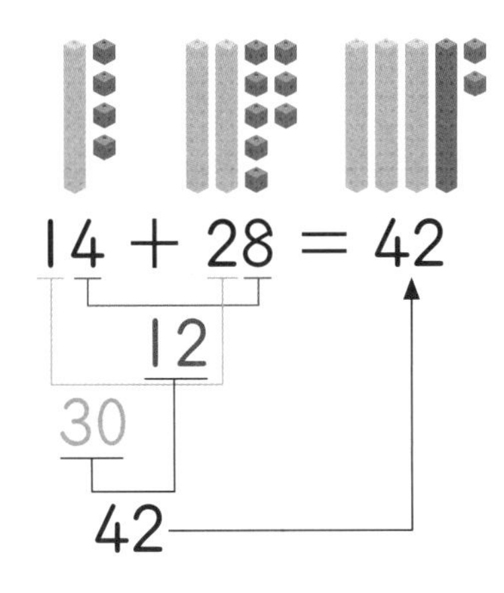

일의 자리끼리 더해서 12,
십의 자리끼리 더해서 30,
그리고 30+12를 한 번 더 계산하는 거야.

똑같은 두 자리 수 덧셈을 또 하는 것처럼 보일 수 있지만 마지막 덧셈은 간단하게 할 수 있어.

□ 안에 알맞은 수를 채워 계산하세요.

01 56 + 28

02 47 + 18

03 28 + 53

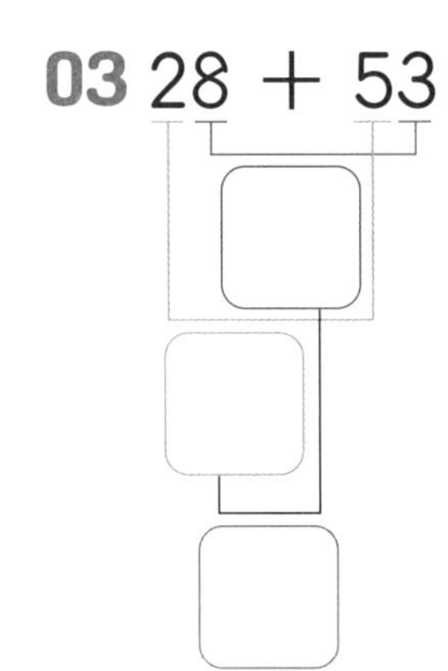

04 47 + 29

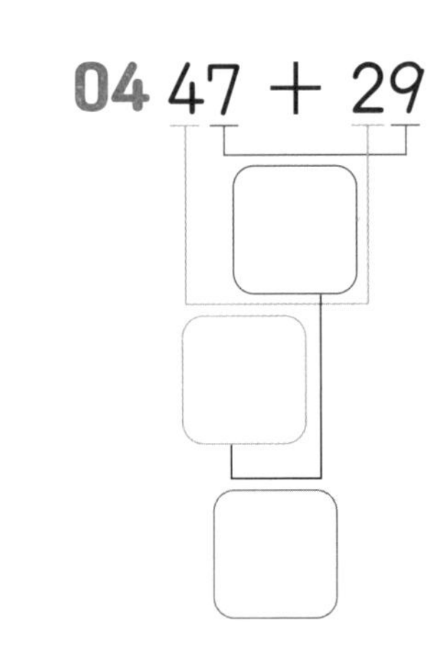

05 49 + 23

06 37 + 16

07 29 + 54

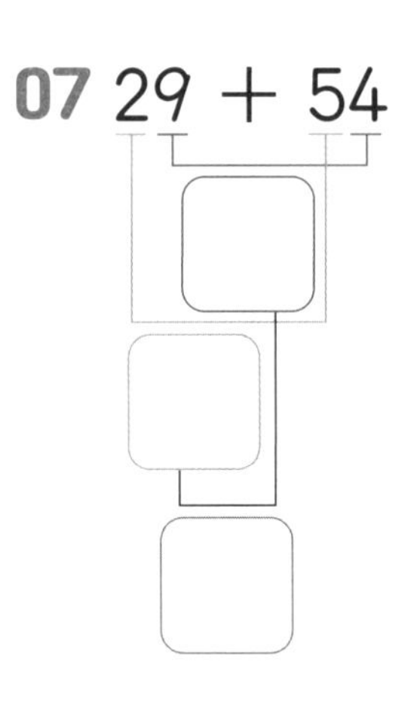

08 38 + 39

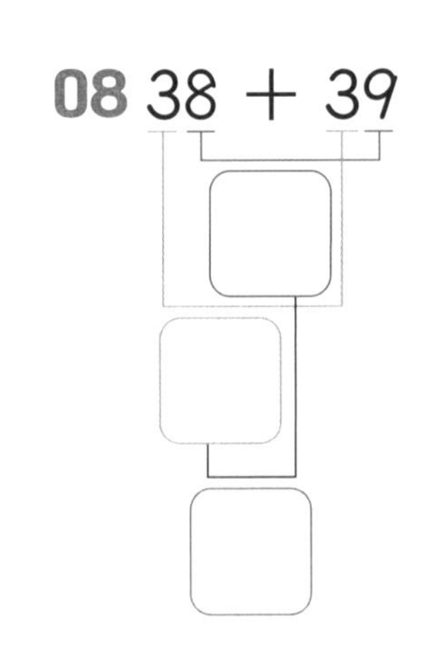

계산하세요.

01 $36+29=$

02 $59+23=$

03 $22+69=$

04 $49+18=$

05 $16+27=$

06 $35+49=$

07 $28+29=$

08 $57+18=$

09 $28+54=$

10 $17+38=$

11 $27+25=$

12 $36+24=$

13 $29+34=$

14 $47+18=$

15 $54+39=$

16 $48+37=$

17 $28+49=$

18 $17+53=$

05 B
(두 자리 수)+(두 자리 수) 자리 나누어 더하기
십의 자리도 받아올림 되는 경우를 연습해요

십의 자리 숫자의 합이 10을 넘어가면 계산 결과가 100을 넘게 됩니다. 각 자리별 계산 결과가 10이 넘으면 일의 자리에서 십의 자리로, 십의 자리에서 백의 자리로 1을 받아올림 합니다.

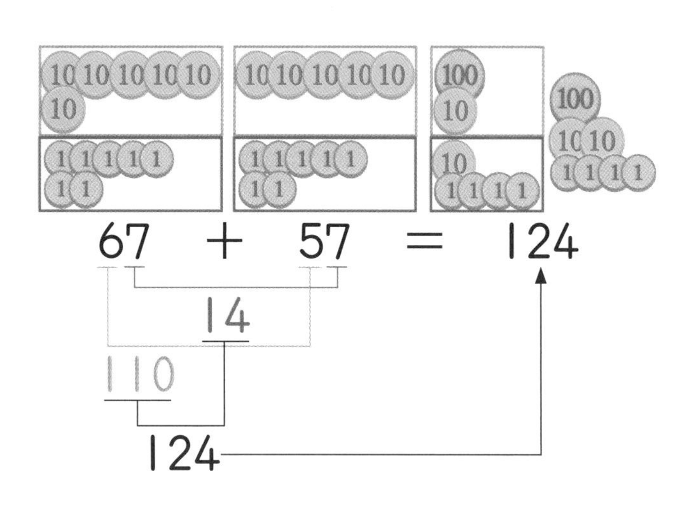

십의 자리의 6과 5를 더하면 11이지?
실제로는 110을 나타내.

□ 안에 알맞은 수를 채워 계산하세요.

01 94 + 33

02 81 + 27

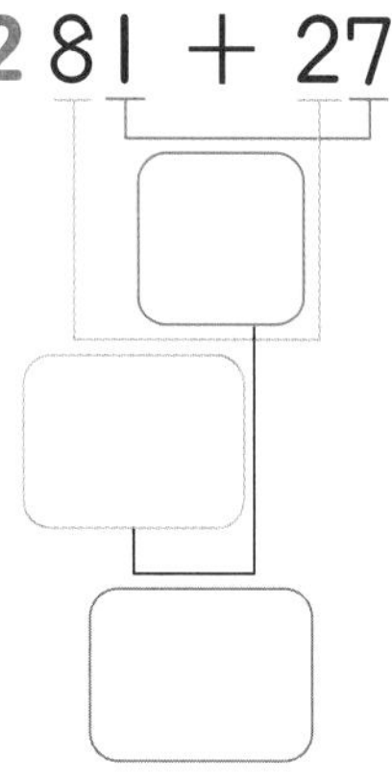

03 52 + 66

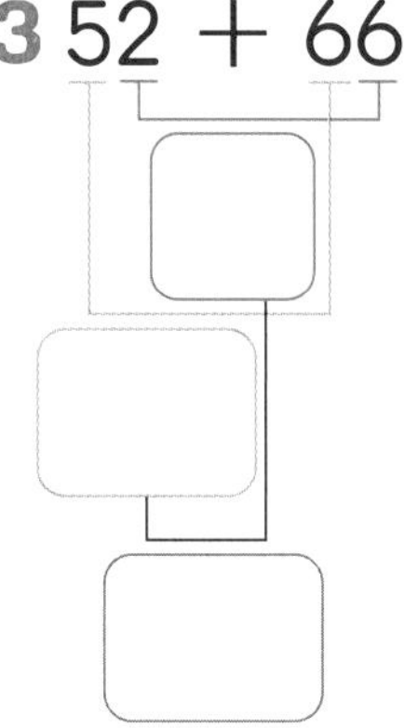

04 53 + 95

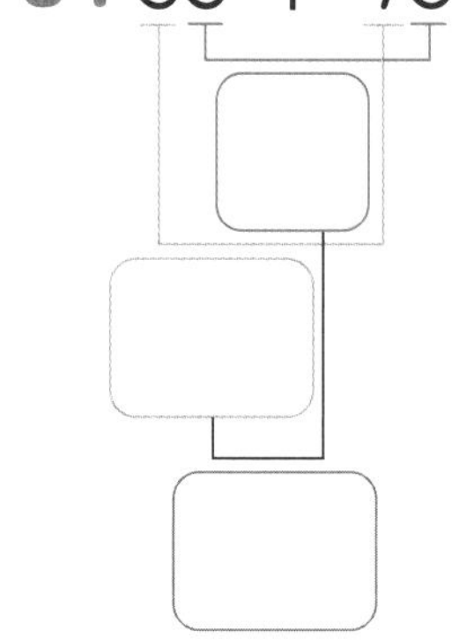

05 65 + 88

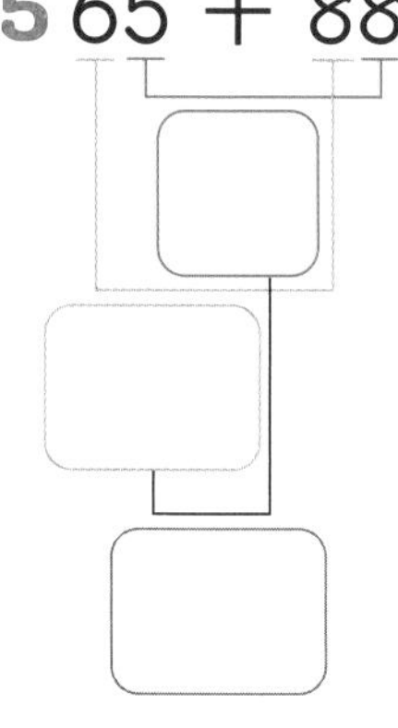

06 38 + 73

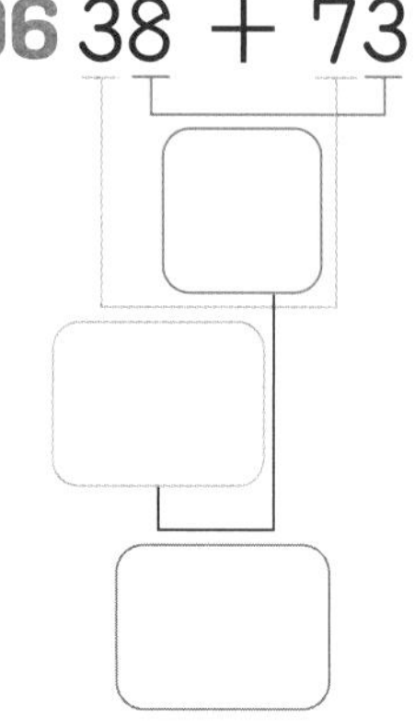

07 47 + 65

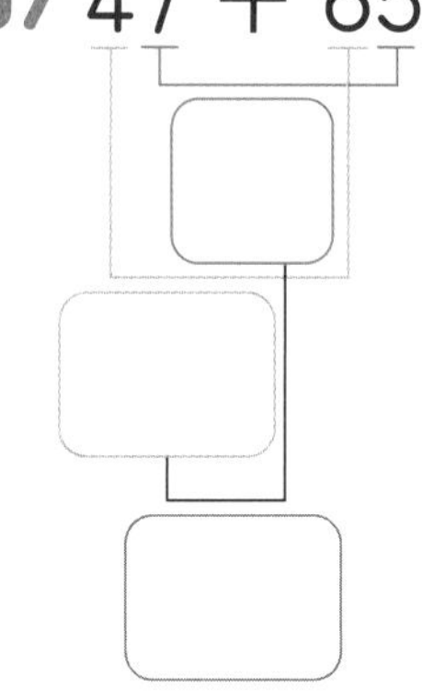

08 83 + 57

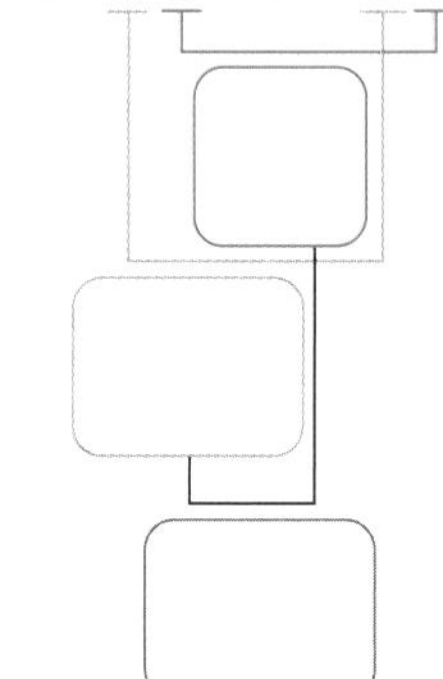

계산하세요.

01 $56+73=$

02 $55+69=$

03 $86+74=$

04 $29+85=$

05 $74+95=$

06 $65+68=$

07 $63+88=$

08 $66+78=$

09 $67+59=$

10 $72+46=$

11 $95+69=$

12 $84+71=$

13 $56+68=$

14 $64+42=$

15 $59+83=$

16 $82+49=$

17 $84+31=$

18 $66+87=$

06 (두 자리 수)+(두 자리 수) 몇십 만들어 더하기

A 7, 8, 9와 같이 10에 가까운 일의 자리 숫자를 10으로 만들어요

일의 자리 숫자가 큰 수에 수를 옮겨서 몇십으로 만들면 간편하게 계산할 수 있습니다.

$29+15=30+14=44$ (15에서 29로 1을 옮김)

$23+38=21+40=61$ (23에서 38로 2를 옮김)

일의 자리 숫자가 10에 가까운 수를 몇십으로 만들어서 계산할 수 있어.

□ 안에 알맞은 수를 채워 계산하세요.

01 $34+58=\square+60=\square$ (34에서 58로 □ 옮김)

58을 60으로 만들려면 얼마가 필요할까?

02 $46+69=\square+70=\square$ (46에서 69로 □ 옮김)

03 $17+35=20+\square=\square$ (35에서 17로 □ 옮김)

04 $59+24=60+\square=\square$ (24에서 59로 □ 옮김)

05 $43+78=\square+80=\square$ (43에서 78로 □ 옮김)

06 $26+47=\square+50=\square$ (26에서 47로 □ 옮김)

07 $38+76=40+\square=\square$ (76에서 38로 □ 옮김)

08 $69+33=70+\square=\square$ (33에서 69로 □ 옮김)

계산하세요.

01 $47+76=$

02 $16+87=$

03 $25+59=$

04 $57+44=$

05 $68+83=$

06 $83+89=$

07 $19+75=$

08 $39+13=$

09 $47+86=$

10 $39+95=$

11 $75+48=$

12 $16+37=$

13 $87+29=$

14 $98+54=$

15 $52+69=$

16 $36+57=$

17 $17+14=$

18 $37+95=$

06 B 몇십을 만들어서 계산해요

계산하세요.

01 $66+17=$

02 $89+24=$

03 $19+56=$

04 $87+45=$

05 $33+27=$

06 $39+52=$

07 $37+39=$

08 $17+68=$

09 $52+88=$

10 $79+18=$

11 $45+47=$

12 $99+24=$

13 $57+28=$

14 $47+66=$

15 $18+34=$

16 $24+39=$

17 $52+68=$

18 $57+89=$

공부한 날 : 월 일

길을 따라 계산하여 □ 안에 알맞은 수를 써넣으세요.

01

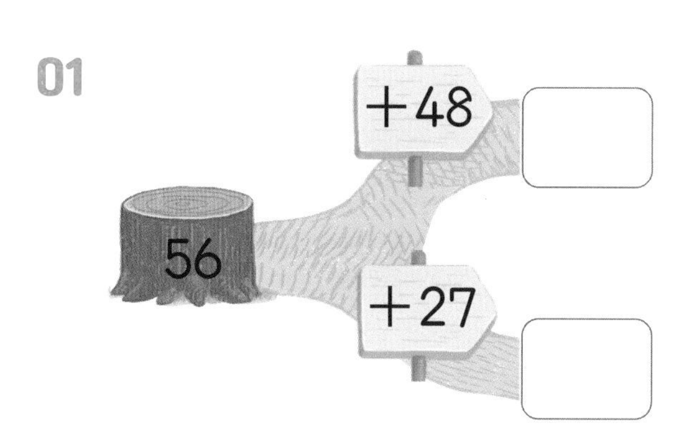

02

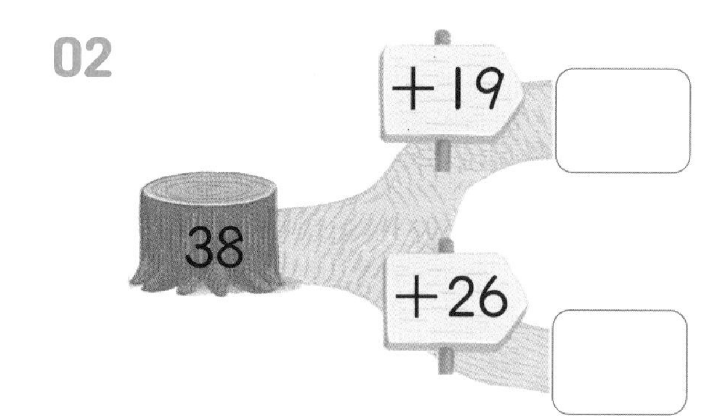

03

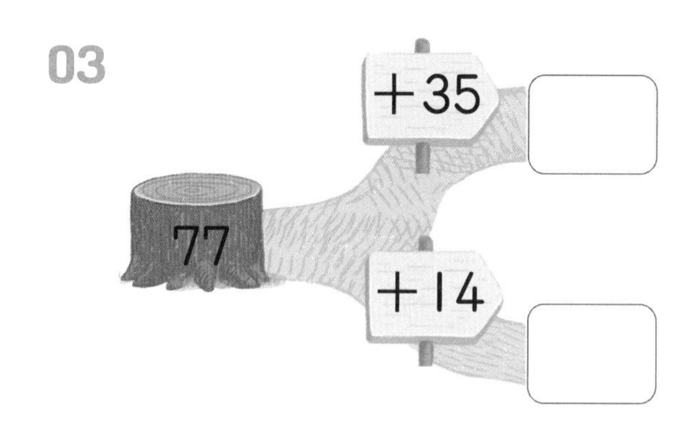

04

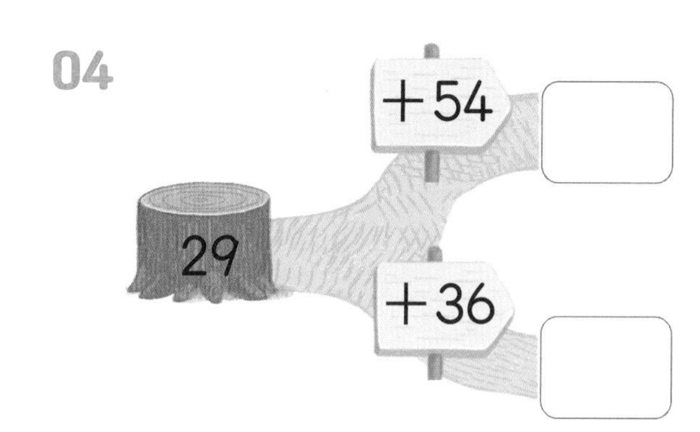

05

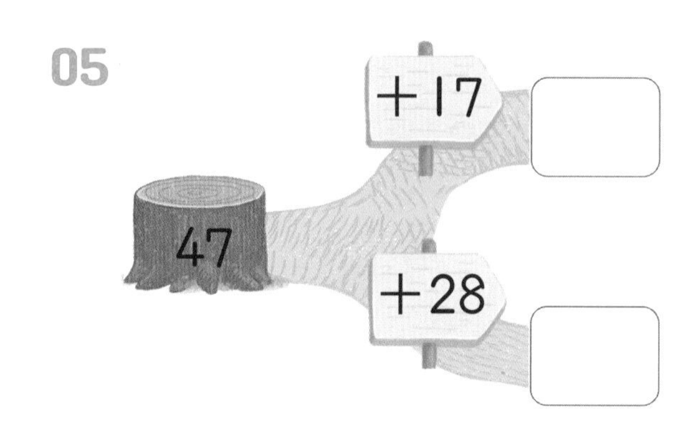

06

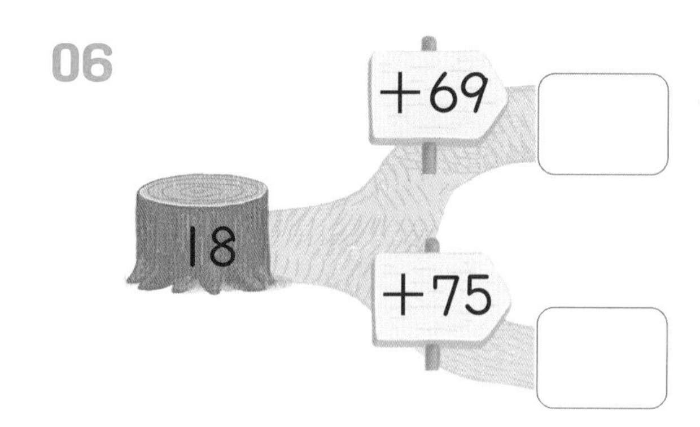

07

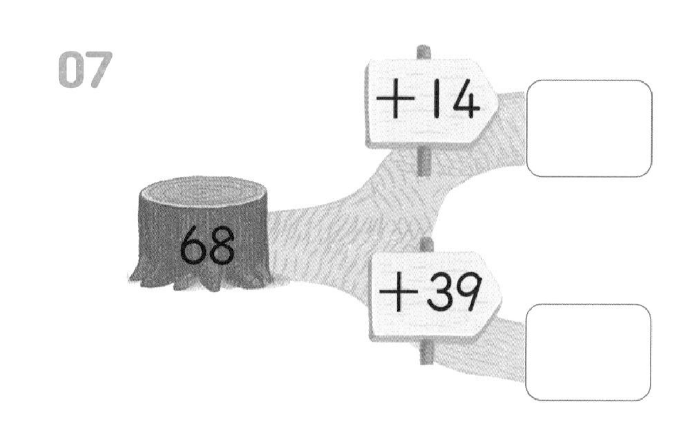

08

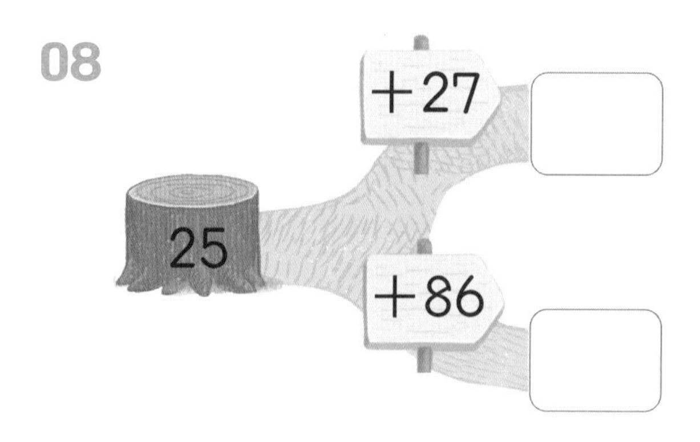

07 A

(두 자리 수)+(두 자리 수) 세로셈

세로셈은 편리한 점이 많은 계산 방법이에요

같은 자리끼리 계산할 때는 세로셈이 편리합니다.

		3	6
	+	4	7
$6+7=$		1	3
$30+40=$		7	0
		8	3

일의 자리와 십의 자리를 각각 먼저 계산하고,
다시 일의 자리끼리, 십의 자리끼리 더해.

계산하세요.

01

		7	6
	+	5	8
$6+8=$			
$70+50=$			

02

		1	7
	+	4	4
$7+4=$			
$10+40=$			

03

		4	7
	+	3	6
$7+6=$			
$40+30=$			

04

		2	3
	+	1	8
$3+8=$			
$20+10=$			

05

		6	6
	+	1	6
$6+6=$			
$60+10=$			

06

		4	7
	+	2	7
$7+7=$			
$40+20=$			

07

		9	9
	+	2	8
$9+8=$			
$90+20=$			

08

		8	4
	+	5	9
$4+9=$			
$80+50=$			

09

		4	2
	+	1	8
$2+8=$			
$40+10=$			

공부한 날 : 월 일

계산하세요.

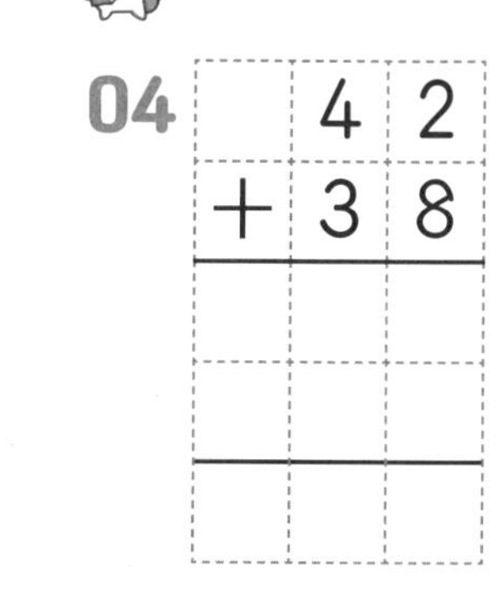

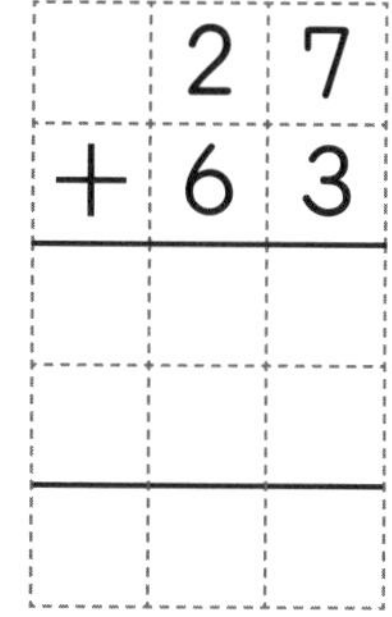

01				02				03				04			
		2	7			7	8			7	6			4	2
	+	6	3		+	4	7		+	8	9		+	3	8

05				06				07				08			
		3	8			2	6			8	5			3	8
	+	9	5		+	3	7		+	4	3		+	4	7

09				10				11				12			
		6	4			7	9			2	9			6	1
	+	9	8		+	1	6		+	3	8		+	8	7

13				14				15				16			
		8	8			1	7			6	6			7	9
	+	4	1		+	3	8		+	5	2		+	4	4

07 (두 자리 수)+(두 자리 수) 세로셈

B 받아올림은 위에 작게 표시해요

받아올림을 간략하게 표시하여 세로셈 덧셈을 계산할 수도 있습니다.

일의 자리를 먼저 더해서 10이 넘는 수는 작게 십의 자리에 표시해.

십의 자리를 더할 때는 먼저 적어놓은 1을 꼭 함께 더해야 해.

	1	
	4	8
+	6	5
		3

1	1	
	4	8
+	6	5
1	1	3

계산하세요.

1	1	
	5	6
+	4	7
1	0	3

십의 자리에서도 받아올림이 있어! 5, 4에 십의 자리로 받아올림 한 1까지 더하면 백의 자리로 1을 받아올림을 해야 해!

01

	9	8
+	9	5

02

	8	6
+	2	4

03

	6	7
+	4	6

04

	4	4
+	5	8

05

	9	3
+	4	8

06

	7	9
+	7	3

07

	7	4
+	9	7

08

	8	5
+	4	8

09

	6	9
+	4	7

10

	7	6
+	5	8

1 PART

계산하세요.

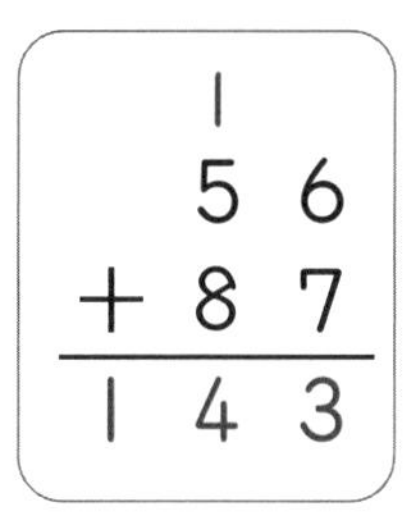

백의 자리에 1을 위에 작게 쓰는 것은 생략하고 아래에 바로 적을 수도 있어.

01 $\begin{array}{r} 75 \\ +\ 43 \\ \hline \end{array}$

02 $\begin{array}{r} 45 \\ +\ 59 \\ \hline \end{array}$

03 $\begin{array}{r} 36 \\ +\ 97 \\ \hline \end{array}$

04 $\begin{array}{r} 85 \\ +\ 49 \\ \hline \end{array}$

05 $\begin{array}{r} 48 \\ +\ 76 \\ \hline \end{array}$

06 $\begin{array}{r} 57 \\ +\ 68 \\ \hline \end{array}$

07 $\begin{array}{r} 67 \\ +\ 17 \\ \hline \end{array}$

08 $\begin{array}{r} 79 \\ +\ 86 \\ \hline \end{array}$

09 $\begin{array}{r} 82 \\ +\ 76 \\ \hline \end{array}$

10 $\begin{array}{r} 78 \\ +\ 37 \\ \hline \end{array}$

11 $\begin{array}{r} 56 \\ +\ 78 \\ \hline \end{array}$

12 $\begin{array}{r} 63 \\ +\ 47 \\ \hline \end{array}$

13 $\begin{array}{r} 69 \\ +\ 44 \\ \hline \end{array}$

14 $\begin{array}{r} 71 \\ +\ 35 \\ \hline \end{array}$

15 $\begin{array}{r} 77 \\ +\ 45 \\ \hline \end{array}$

16 $\begin{array}{r} 56 \\ +\ 79 \\ \hline \end{array}$

17 $\begin{array}{r} 92 \\ +\ 64 \\ \hline \end{array}$

18 $\begin{array}{r} 55 \\ +\ 68 \\ \hline \end{array}$

(두 자리 수)+(두 자리 수) 연습

08 A 두 자리 수 덧셈을 연습해요

계산하세요.

01 $24+88=$

02 $64+27=$

03 $18+75=$

04 $89+63=$

05 $86+69=$

06 $59+17=$

07 $94+57=$

08 $74+38=$

09 $37+24=$

10 $42+68=$

11 $14+59=$

12 $43+98=$

13 $67+56=$

14 $21+69=$

15 $48+92=$

16 $27+57=$

17 $19+48=$

18 $88+45=$

계산하세요.

01 $59+13=$

02 $45+99=$

03 $86+28=$

04 $98+47=$

05 $29+74=$

06 $94+27=$

07 $36+28=$

08 $16+66=$

09 $39+38=$

10 $37+58=$

11 $25+48=$

12 $18+73=$

13 $36+95=$

14 $59+51=$

15 $55+69=$

16 $42+39=$

17 $37+54=$

18 $68+36=$

08 B 자기에게 편리한 방법으로 풀어요

아래의 두 수를 더하여 빈 곳에 알맞은 수를 써넣으세요.

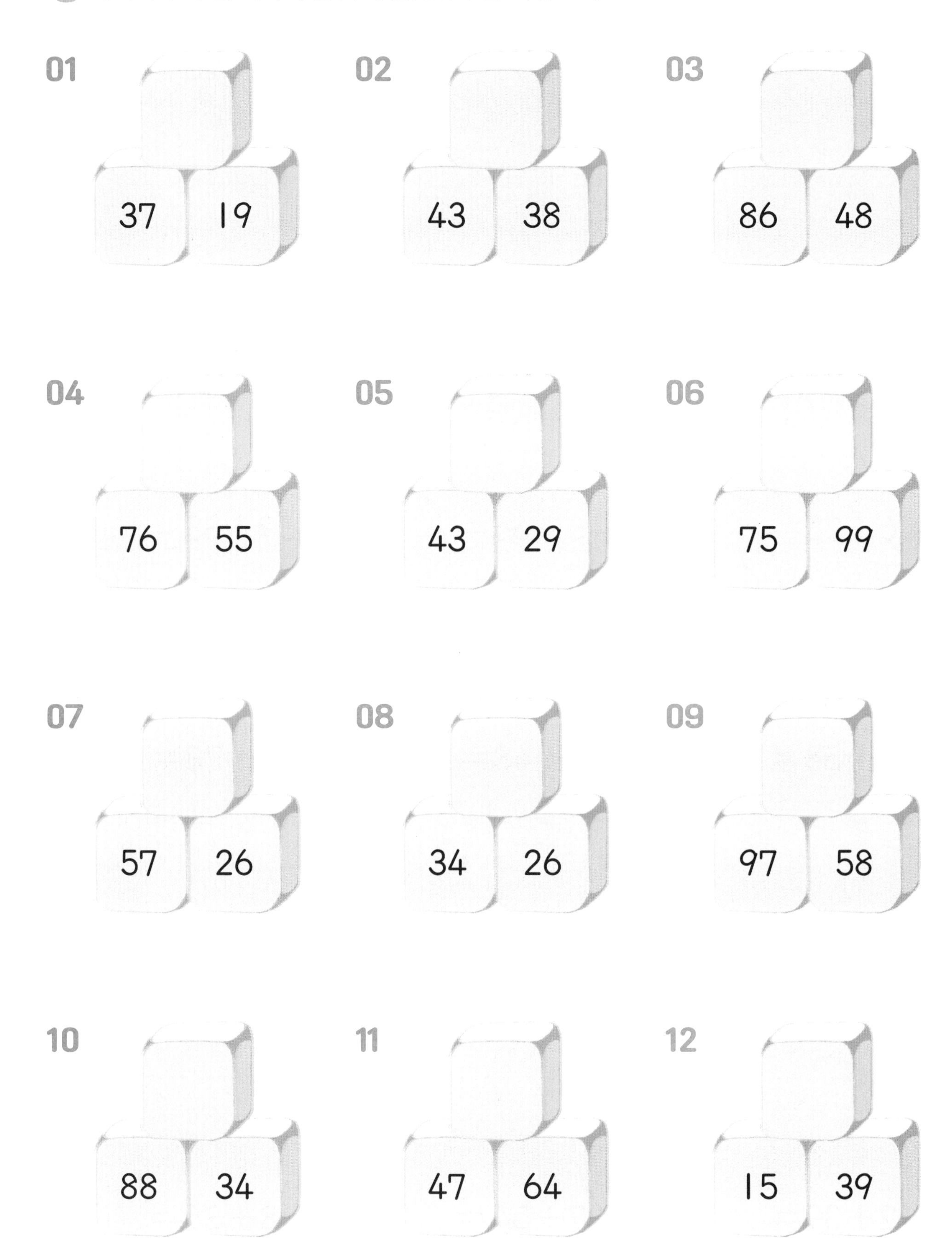

□ 안에 알맞은 수를 써넣으세요.

01

02

03

04

05

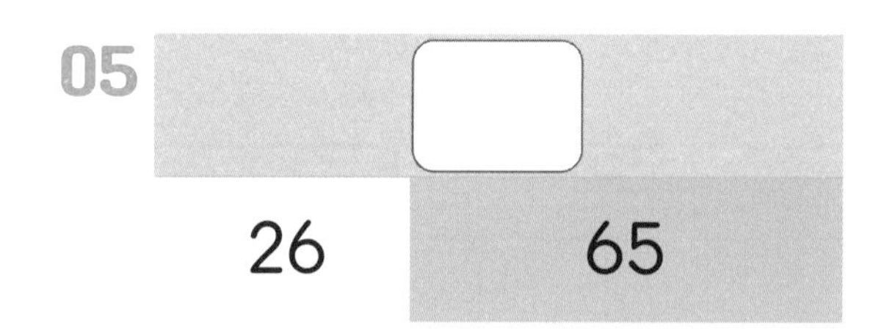

06

07

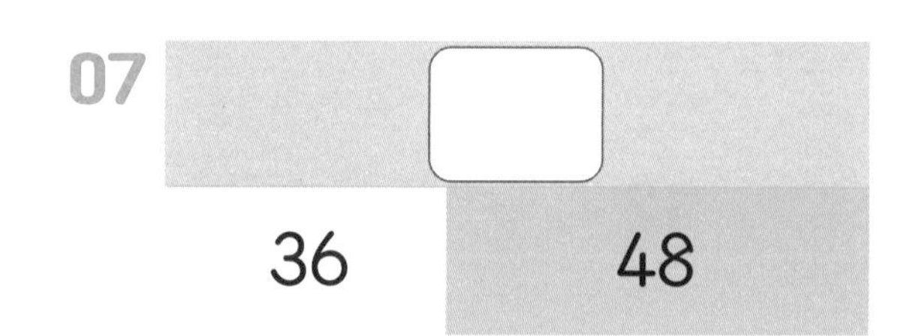

08

09

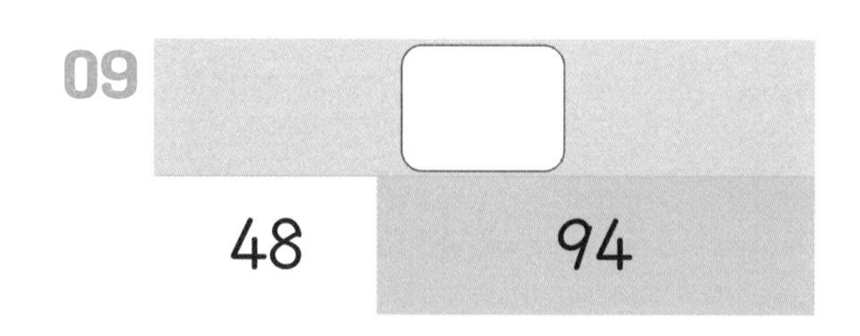

10

11

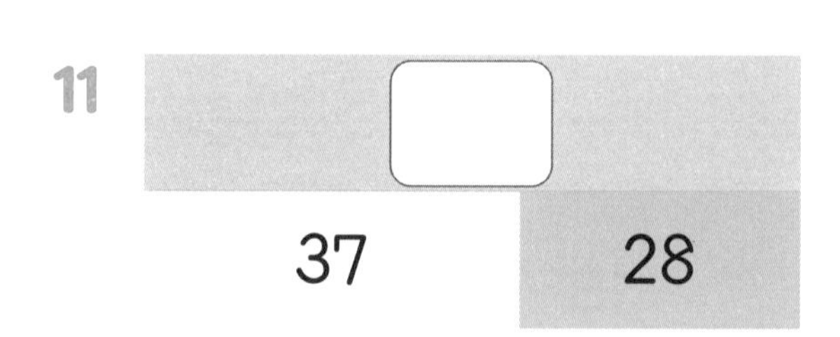

12

두 자리 수 덧셈 종합 연습

A 실수 없이 풀 수 있도록 집중!!

계산하세요.

01 $69+65=$

02 $5+28=$

03 $74+67=$

04 $74+9=$

05 $36+67=$

06 $9+19=$

07 $28+45=$

08 $36+39=$

09 $39+4=$

10 $27+5=$

11 $47+85=$

12 $6+59=$

13 $23+59=$

14 $68+3=$

15 $75+88=$

16 $9+34=$

17 $16+38=$

18 $46+39=$

빈칸에 알맞은 수를 써넣으세요.

01

+	37	6	24
48			

02

+	26	4	58
29			

03

+	59	7	26
35			

04

+	47	8	19
23			

05

+	19	4	25
67			

06

+	55	7	39
15			

07

+	26	9	34
57			

08

+	15	8	27
46			

09

+	37	5	52
69			

10

+	77	6	18
44			

11

+	57	4	15
18			

12

+	45	7	88
26			

이런 문제를 다루어요

01 그림을 보고 □ 안에 알맞은 수를 써넣으세요.

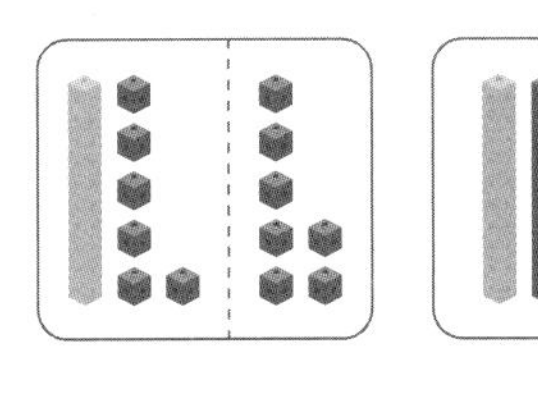

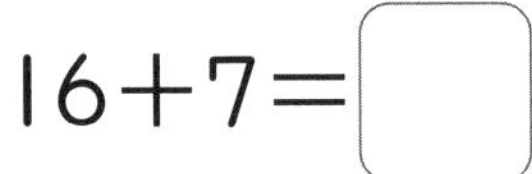

16+7=□

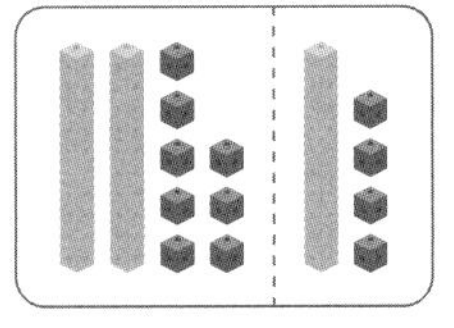

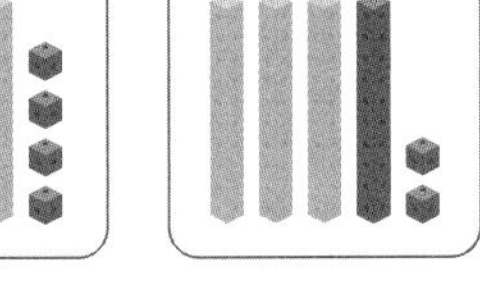

28+14=□

02 계산하세요.

47+7=

$$\begin{array}{r} 2\ 8 \\ +\ 4\ 5 \\ \hline \end{array}$$

$$\begin{array}{r} 8\ 4 \\ +\ 3\ 9 \\ \hline \end{array}$$

03 □ 안에 알맞은 수를 써넣으세요.

$$\begin{array}{r} \square\ 7 \\ +\ 6\ \square \\ \hline \square\ 0\ 6 \end{array}$$

$$\begin{array}{r} 8\ \square \\ +\ \square\ 7 \\ \hline \square\ 5\ 1 \end{array}$$

04 수혜는 사탕을 28개, 동생은 사탕을 34개 가지고 있습니다. 수혜와 동생이 가지고 있는 사탕은 모두 몇 개인가요?

식 : ______________________________ 답 : ______개

05 빈칸에 들어갈 수는 선으로 연결된 두 수의 합입니다. 빈칸에 알맞은 수를 써넣으세요.

37 47 38 17

18 36

06 수 카드 3, 4, 5, 7, 8 중에서 3장을 골라 주어진 계산 결과가 나오도록 완성하세요.

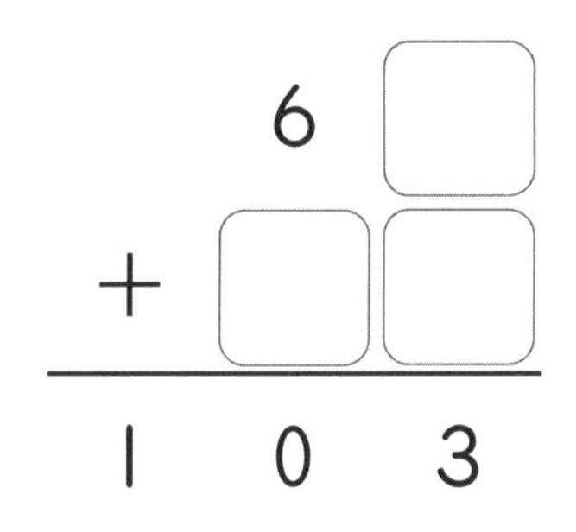

07 25+18을 서로 다른 2가지 방법으로 계산하세요.

Quiz Quiz
Part 1

성냥개비로 식을 만들어요

성냥개비로 1부터 9까지의 수를 다음과 같이 만듭니다. 성냥개비 1개만 지워서 올바른 식을 만드세요.

1	2	3	4	5	6	7	8	9

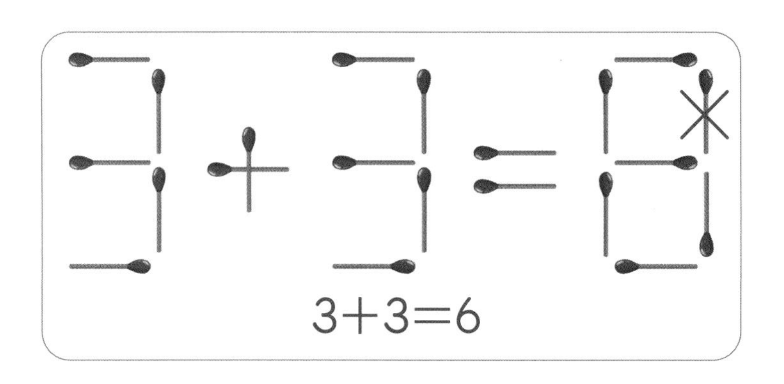

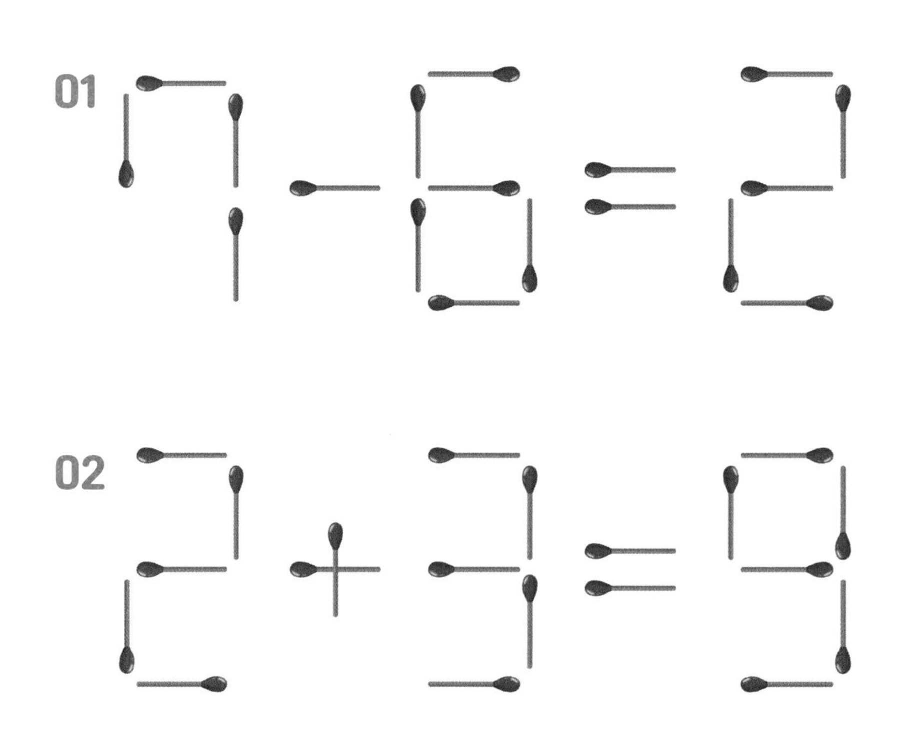

두 자리 수의 뺄셈

차시별로 정답률을 확인하고, 성취도에 O표 하세요.

80% 이상 맞혔어요. 60% ~ 80% 맞혔어요. 60% 이하 맞혔어요.

차시	단원	성취도
10	(두 자리 수)-(한 자리 수) 자리 나누어 빼기	
11	(두 자리 수)-(한 자리 수) 몇십 만들어 빼기	
12	(두 자리 수)-(한 자리 수) 세로셈	
13	(두 자리 수)-(한 자리 수) 연습	
14	(두 자리 수)-(두 자리 수) 자리 나누어 빼기	
15	(두 자리 수)-(두 자리 수) 몇십 만들어 빼기	
16	(두 자리 수)-(두 자리 수) 세로셈	
17	(두 자리 수)-(두 자리 수) 연습	
18	세 수의 덧셈과 뺄셈	
19	세 수의 덧셈과 뺄셈 연습	
20	두 자리 수 뺄셈 종합 연습	

32개의 빵 중에서 6개를 먹었을 때 남는 빵이 몇 개인지 알아보려고 합니다.

(두 자리 수)-(한 자리 수) 자리 나누어 빼기

10 A (십몇)에서 (몇)을 빼요

일의 자리끼리 뺄 수 없을 때는 십의 자리에서 10을 일의 자리로 빌려 와서 십몇을 만들어서 뺄셈을 합니다.

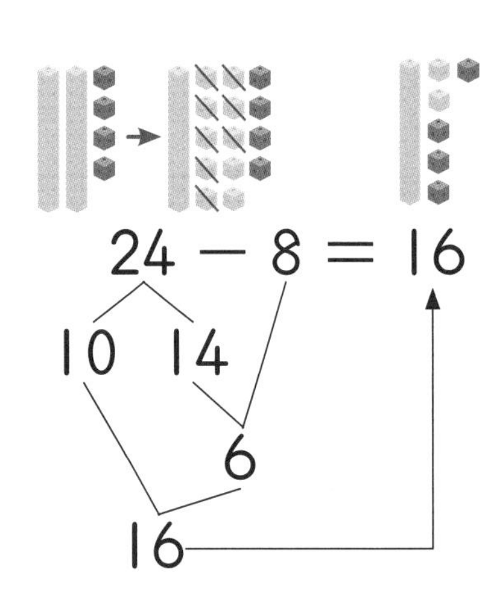

4−8을 할 수 없으니 14−8을 하고, 24 중에 남은 10은 마지막에 뺄셈의 결과와 더해.

□ 안에 알맞은 수를 채워 계산하세요.

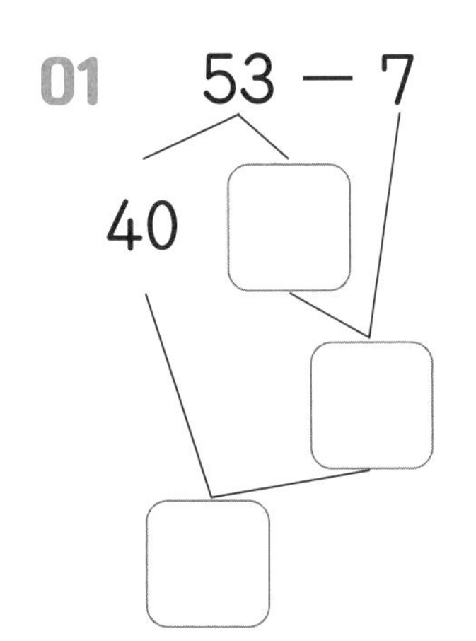

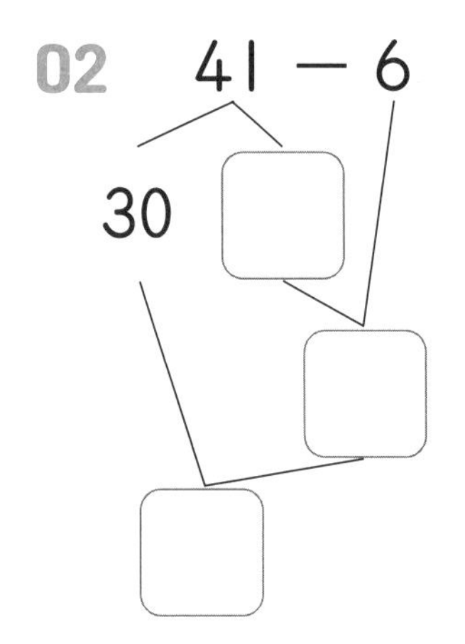

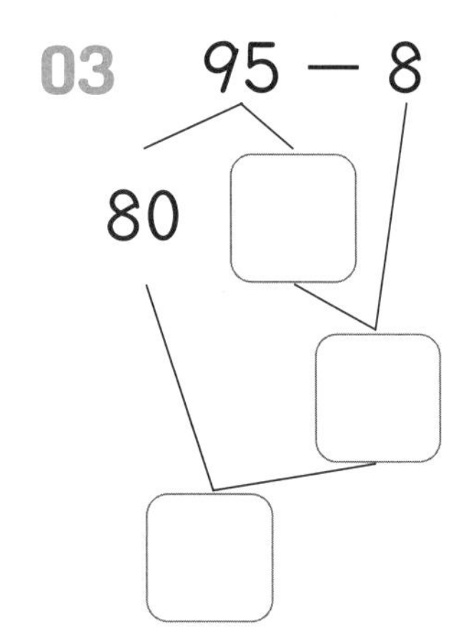

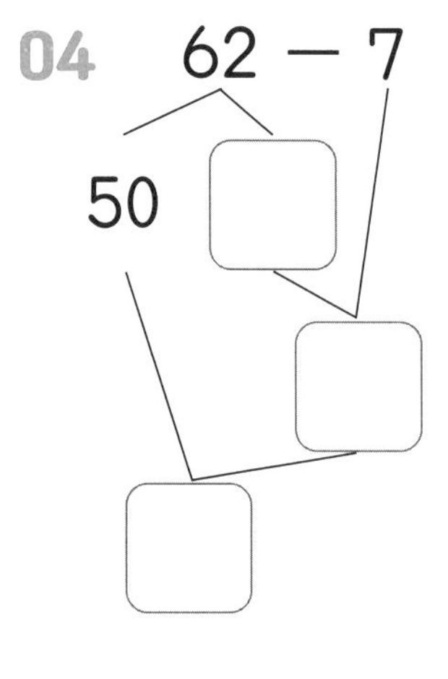

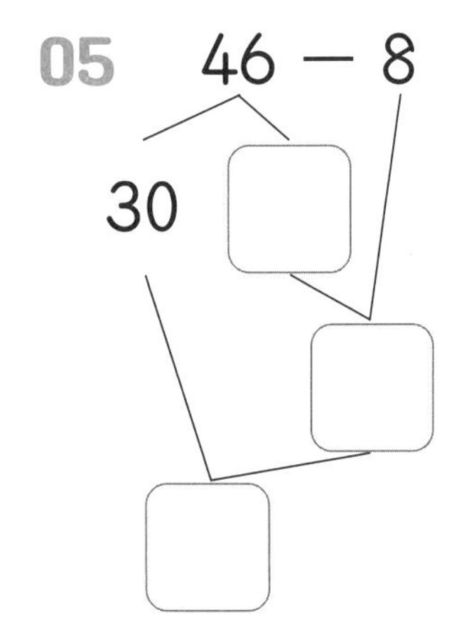

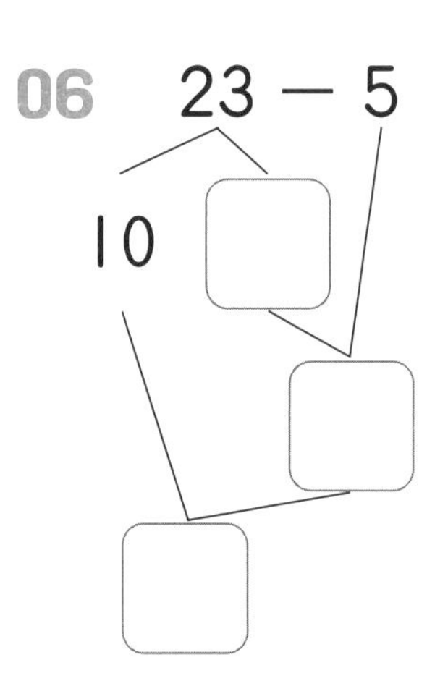

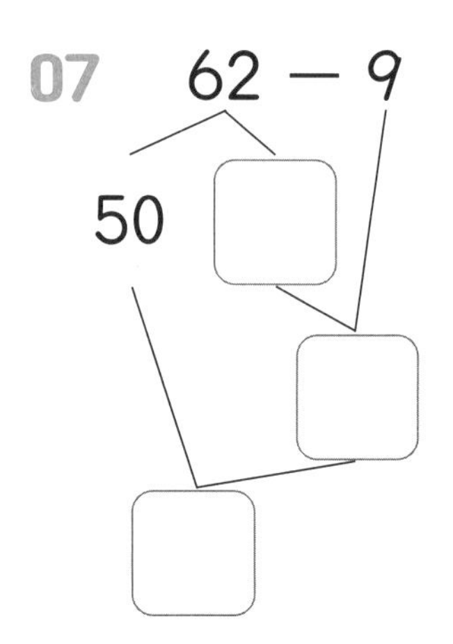

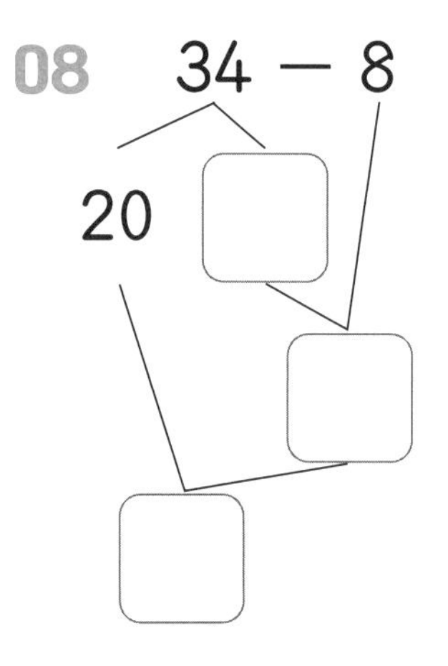

계산하세요.

01 $46-9=$

02 $33-7=$

03 $41-6=$

04 $52-9=$

05 $24-7=$

06 $93-8=$

07 $26-7=$

08 $53-8=$

09 $65-9=$

10 $47-9=$

11 $36-7=$

12 $21-8=$

13 $72-5=$

14 $68-9=$

15 $43-4=$

16 $63-6=$

17 $24-9=$

18 $55-8=$

10 B

(두 자리 수)-(한 자리 수) 자리 나누어 빼기

빼어지는 수를 둘로 나누고 뺄셈을 해요

계산하세요.

01 $42-6=$

02 $27-8=$

03 $42-5=$

04 $23-8=$

05 $66-9=$

06 $93-8=$

07 $43-5=$

08 $31-4=$

09 $54-6=$

10 $51-7=$

11 $62-3=$

12 $43-7=$

13 $77-9=$

14 $73-5=$

15 $54-9=$

16 $34-6=$

17 $46-8=$

18 $23-6=$

빈 곳에 두 수의 차를 써넣으세요.

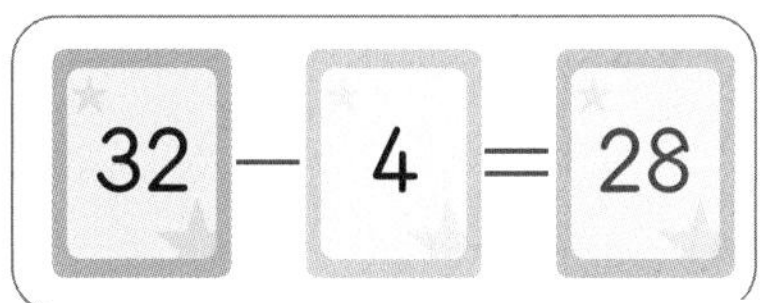

32 − 4 = 28

01 46 | 8 |

02 95 | 8 |

03 9 | 58 |

04 8 | 46 |

05 7 | 25 |

06 43 | 7 |

07 51 | 6 |

08 5 | 82 |

09 23 | 4 |

10 73 | 6 |

11 8 | 32 |

2 PART

A 일의 자리 수만큼 먼저 빼서 몇십을 만들고 또 빼요

빼어지는 수의 일의 자리 수만큼 먼저 빼고, 남은 만큼을 더 빼서 계산할 수 있습니다.

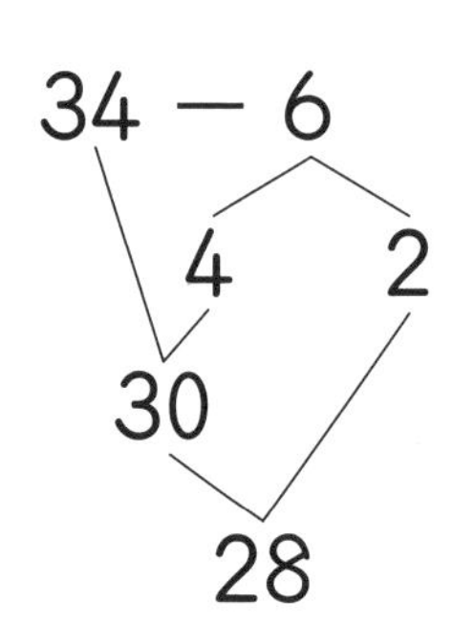

□ 안에 알맞은 수를 채워 계산하세요.

01 25 − 9

20

02

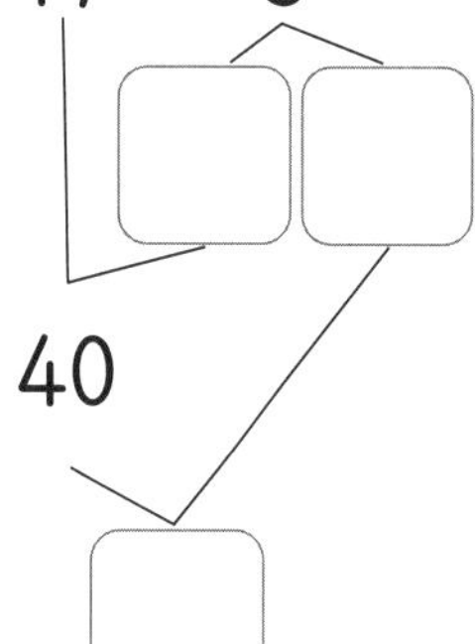

03

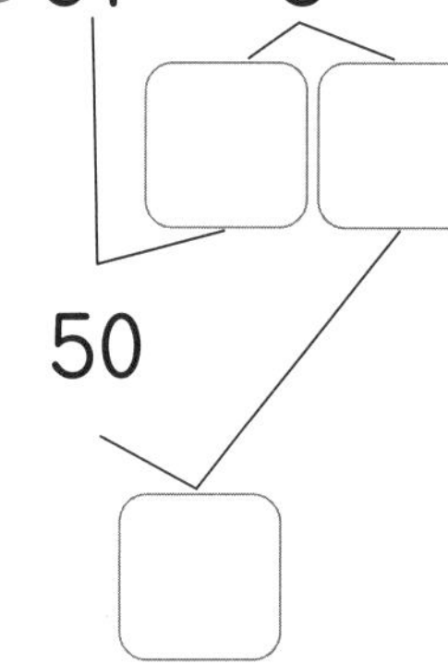

04

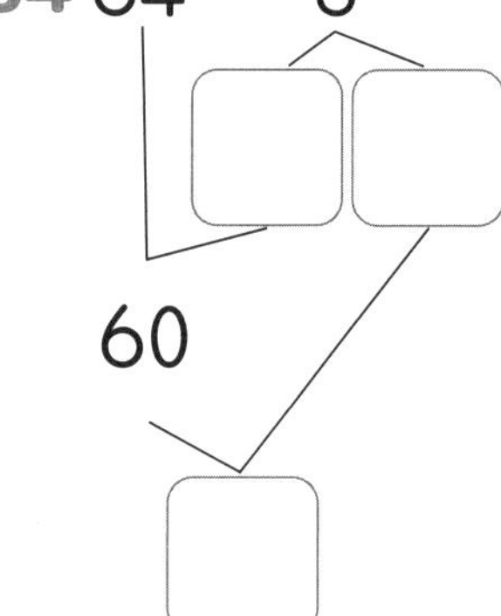

05

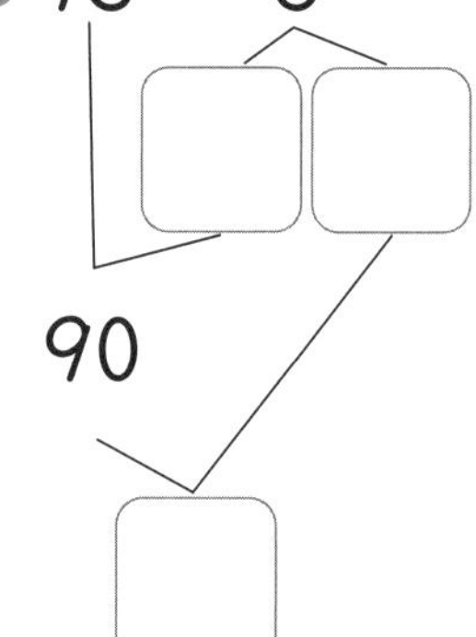

06

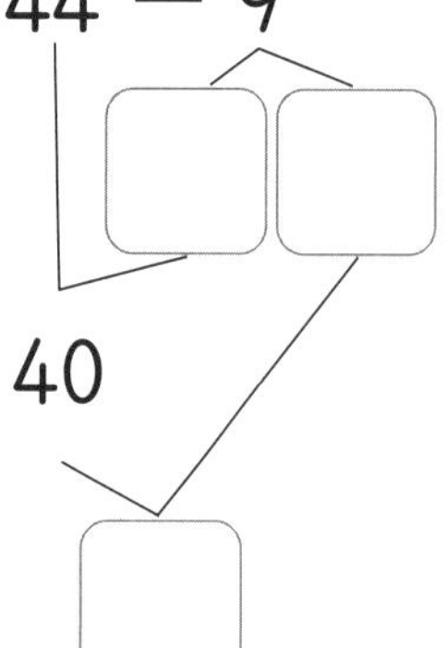

07

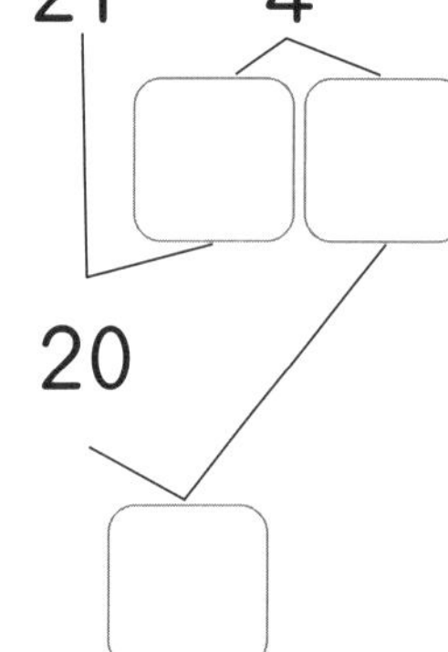

08

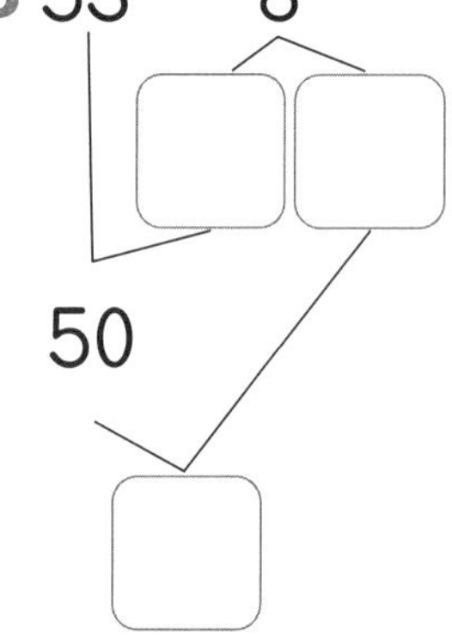

계산하세요.

01 $92-7=$

02 $34-9=$

03 $23-7=$

04 $44-6=$

05 $51-3=$

06 $42-8=$

07 $71-5=$

08 $28-9=$

09 $54-7=$

10 $61-4=$

11 $87-9=$

12 $94-8=$

13 $43-5=$

14 $62-7=$

15 $83-6=$

16 $93-4=$

17 $65-8=$

18 $61-3=$

11 B

(두 자리 수)-(한 자리 수) 몇십 만들어 빼기

먼저 몇십을 만들어요

계산하세요.

01 $61-7=$

02 $82-8=$

03 $33-6=$

04 $62-9=$

05 $34-6=$

06 $84-7=$

07 $21-8=$

08 $46-9=$

09 $24-8=$

10 $53-7=$

11 $25-9=$

12 $73-5=$

13 $75-9=$

14 $52-7=$

15 $43-9=$

16 $44-6=$

17 $75-8=$

18 $92-7=$

공부한 날 : 월 일

빈 곳에 두 수의 차를 써넣으세요.

큰 수에서 작은 수를 빼서 차를 구해야 해!

01
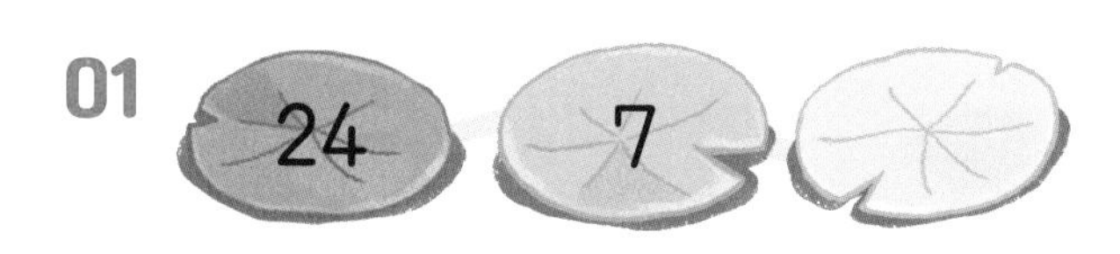

02
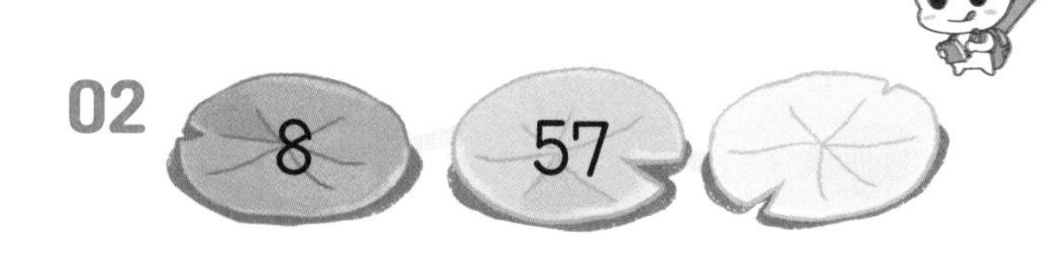

03
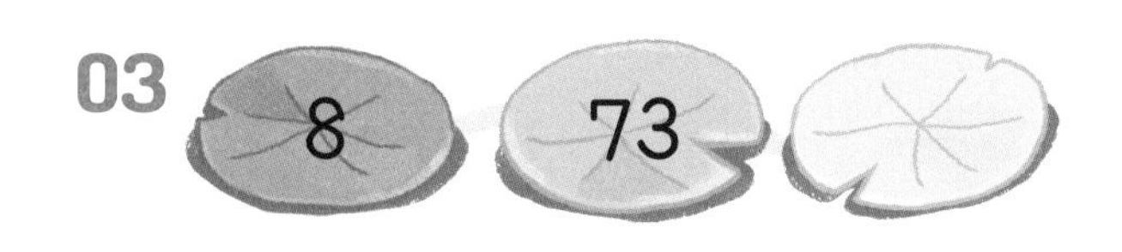

04
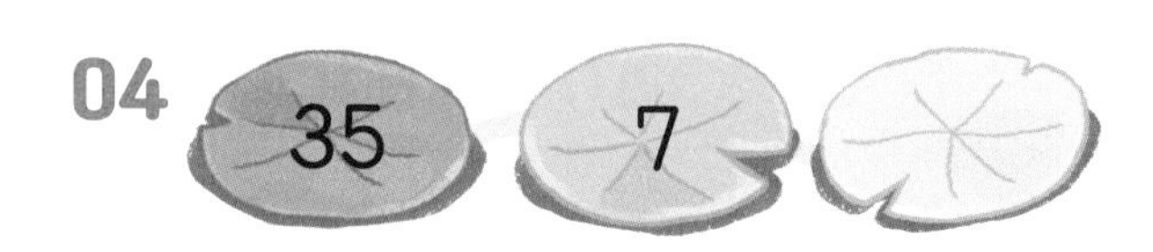

05
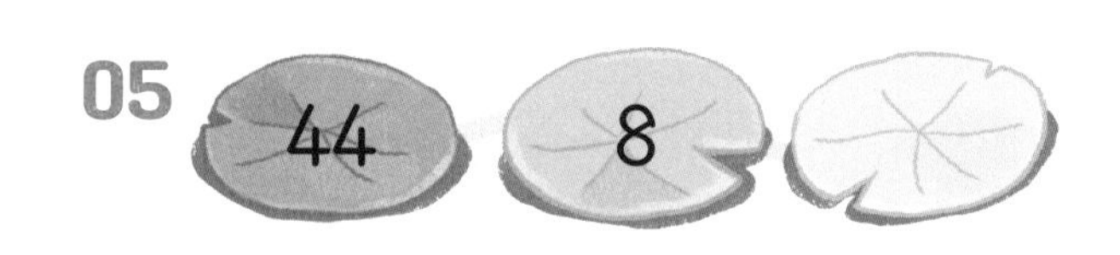

06
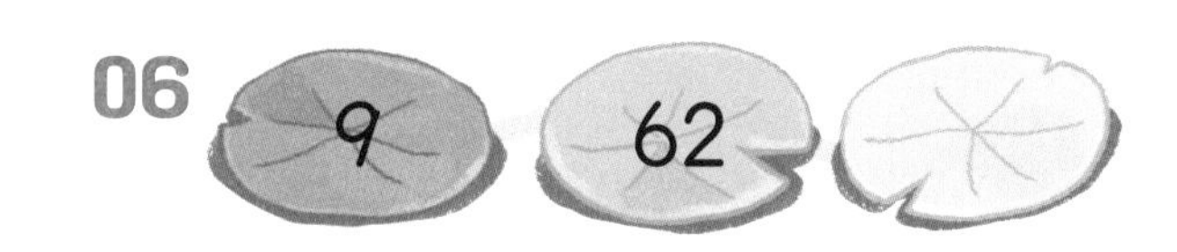

07
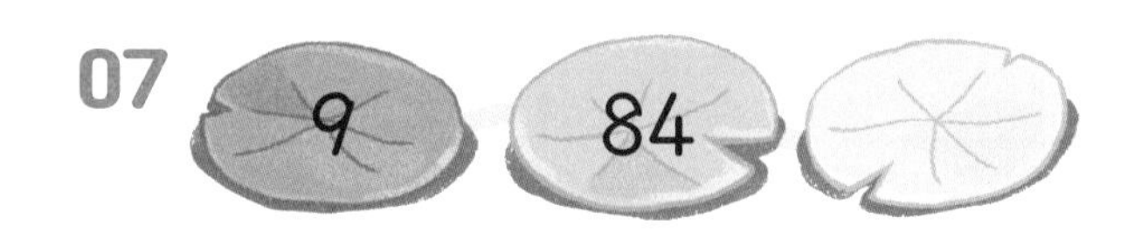

08
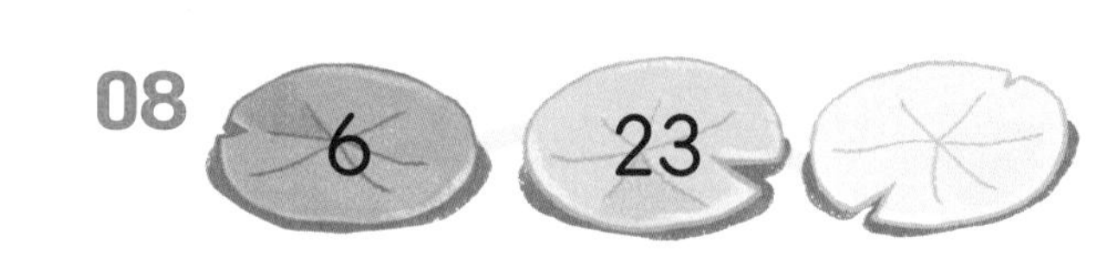

09
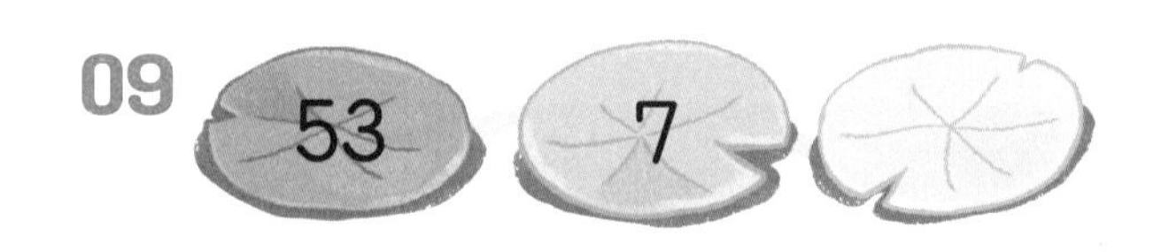

10
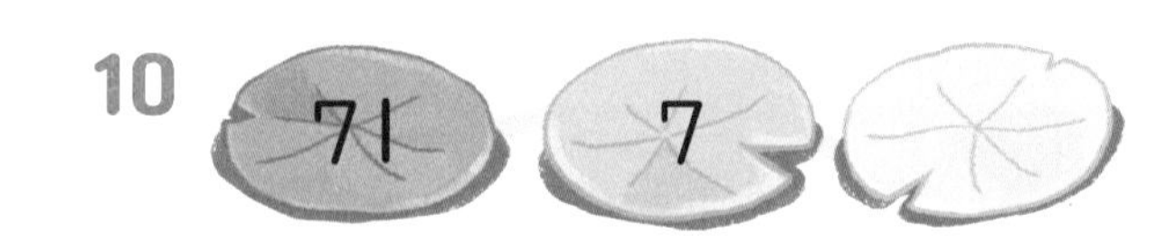

11
6 94

12
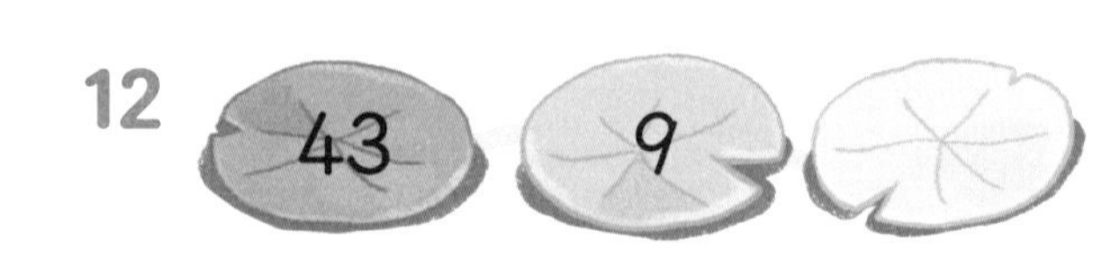

13
9 31

14
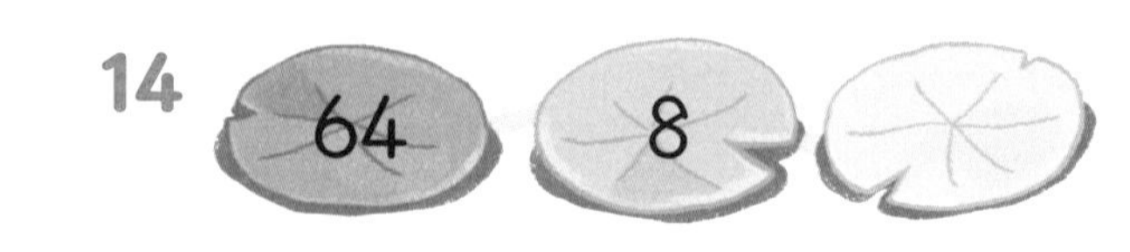

12 A (두 자리 수)-(한 자리 수) 세로셈

세로셈도 십몇에서 한 자리 수를 빼요

(두 자리 수)−(한 자리 수)에서 일의 자리 수끼리 뺄 수 없으면 빼어지는 수에서 10만큼을 일의 자리에 빌려줍니다.

	4	6
−		9
16−9=		7
40−10=	3	0
	3	7

40−10에서 빼는 10은 일의 자리에 빌려준 수를 계산한 거야.

계산하세요.

01

	5	4
−		8
14−8=		
50−10=		

02

	4	2
−		6
12−6=		
40−10=		

03

	2	3
−		8
13−8=		
20−10=		

04

	8	2
−		7
12−7=		
80−10=		

05

	3	1
−		9
11−9=		
30−10=		

06

	2	6
−		8
16−8=		
20−10=		

07

	7	5
−		6
15−6=		
70−10=		

08

	5	3
−		5
13−5=		
50−10=		

09

	8	1
−		4
11−4=		
80−10=		

계산하세요.

01
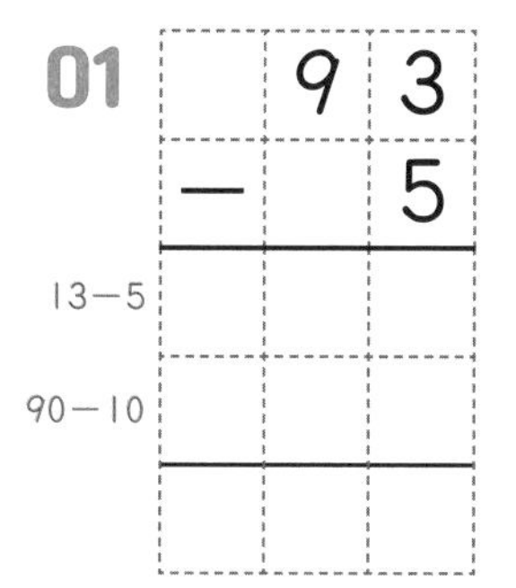

02

	2	4
−		8

03

	5	5
−		8

04
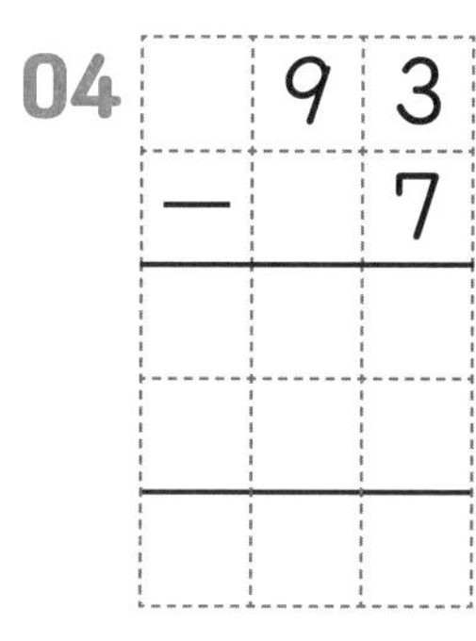

05

	5	6
−		8

06

	6	3
−		9

07

	4	3
−		5

08

	7	2
−		3

09

	2	1
−		6

10

	5	3
−		8

11

	2	4
−		5

12

	4	2
−		7

13

	5	3
−		8

14

	8	3
−		7

15

	6	1
−		4

16

	4	4
−		7

(두 자리 수)-(한 자리 수) 세로셈

빌려주는 수를 표시해요

같은 자리끼리 뺄셈을 할 수 없어서 위의 자리에서 10을 빌려 오는 것을 받아내림이라고 합니다. 세로셈은 받아내림을 표시하면서 계산하기 편한 방법입니다.

일의 자리끼리 뺄셈을 할 수 없으니까 십의 자리에서 10을 빌려 와서 빼.

	5	10
	~~6~~	5
−		6
		9

십의 자리는 빌려주고 남은 수를 자리 맞추어 적어.

	5	10
	~~6~~	5
−		6
	5	9

계산하세요.

01

	5	3
−		9

02

	2	5
−		6

03

	9	4
−		7

04

	3	4
−		8

05

	9	6
−		7

06

	3	4
−		5

07

	8	2
−		7

08

	5	1
−		6

09

	3	3
−		8

10

	4	1
−		3

11

	4	5
−		9

12

	2	2
−		6

계산하세요.

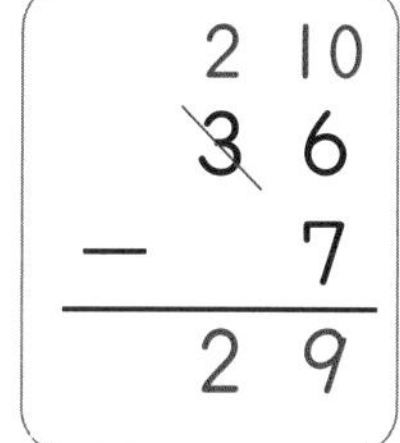

6에서 7을 뺄 수 없어서 십의 자리에서 10을 빌려 왔어.

01
$$\begin{array}{r} 36 \\ -\ \ 8 \\ \hline \end{array}$$

02
$$\begin{array}{r} 92 \\ -\ \ 7 \\ \hline \end{array}$$

03
$$\begin{array}{r} 43 \\ -\ \ 8 \\ \hline \end{array}$$

04
$$\begin{array}{r} 25 \\ -\ \ 7 \\ \hline \end{array}$$

05
$$\begin{array}{r} 64 \\ -\ \ 8 \\ \hline \end{array}$$

06
$$\begin{array}{r} 32 \\ -\ \ 5 \\ \hline \end{array}$$

07
$$\begin{array}{r} 28 \\ -\ \ 9 \\ \hline \end{array}$$

08
$$\begin{array}{r} 94 \\ -\ \ 7 \\ \hline \end{array}$$

09
$$\begin{array}{r} 44 \\ -\ \ 6 \\ \hline \end{array}$$

10
$$\begin{array}{r} 65 \\ -\ \ 8 \\ \hline \end{array}$$

11
$$\begin{array}{r} 20 \\ -\ \ 7 \\ \hline \end{array}$$

12
$$\begin{array}{r} 34 \\ -\ \ 9 \\ \hline \end{array}$$

13
$$\begin{array}{r} 73 \\ -\ \ 6 \\ \hline \end{array}$$

14
$$\begin{array}{r} 52 \\ -\ \ 7 \\ \hline \end{array}$$

15
$$\begin{array}{r} 41 \\ -\ \ 5 \\ \hline \end{array}$$

16
$$\begin{array}{r} 32 \\ -\ \ 9 \\ \hline \end{array}$$

17
$$\begin{array}{r} 85 \\ -\ \ 8 \\ \hline \end{array}$$

18
$$\begin{array}{r} 57 \\ -\ \ 9 \\ \hline \end{array}$$

13 (두 자리 수)-(한 자리 수) 연습

A 나에게 편한 방법으로 답을 구해요

계산하세요.

01 $82-7=$

02 $52-6=$

03 $51-9=$

04 $68-9=$

05 $61-5=$

06 $44-7=$

07 $60-4=$

08 $42-3=$

09 $53-7=$

10 $25-8=$

11 $72-4=$

12 $81-6=$

13 $45-9=$

14 $32-7=$

15 $88-9=$

16 $53-6=$

17 $73-8=$

18 $24-7=$

계산하세요.

01 $62-8=$

02 $53-7=$

03 $80-4=$

04 $52-9=$

05 $27-8=$

06 $64-5=$

07 $52-4=$

08 $73-9=$

09 $31-8=$

10 $43-7=$

11 $32-5=$

12 $25-6=$

13 $27-8=$

14 $24-7=$

15 $67-9=$

16 $48-9=$

17 $52-6=$

18 $33-7=$

13 B (두 자리 수)-(한 자리 수) 연습

규칙을 살펴보고 풀어요

빈칸에 알맞은 수를 써넣으세요.

01 ─ ⊖ → (26−9, 43−8)

26	9	
43	8	

02 ─ ⊖ →

21	8	
34	7	

03 ─ ⊖ →

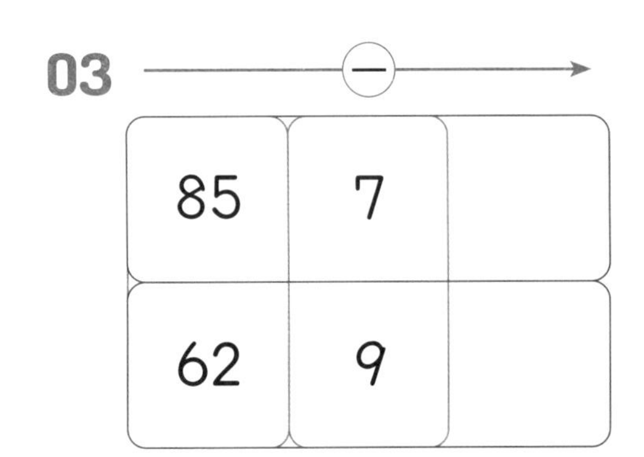

85	7	
62	9	

04 ─ ⊖ →

95	8	
27	8	

05 ─ ⊖ →

41	4	
32	7	

06 ─ ⊖ →

75	9	
23	6	

07 ─ ⊖ →

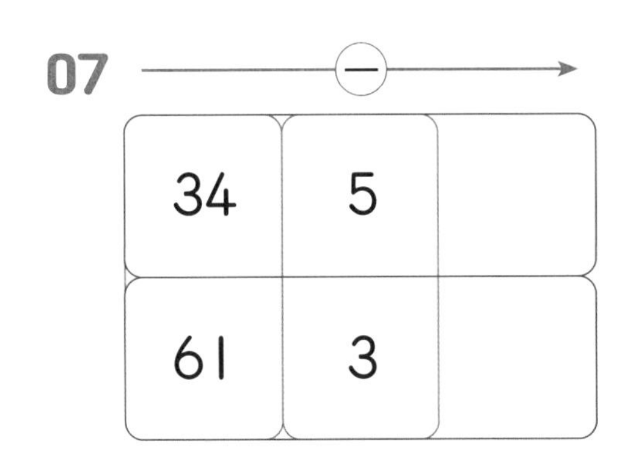

34	5	
61	3	

08 ─ ⊖ →

24	7	
53	8	

사다리를 따라 계산하여 □ 안에 알맞은 수를 써넣으세요.

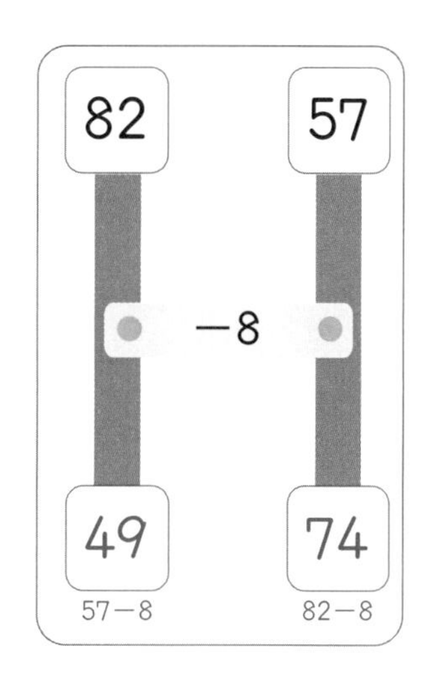

01
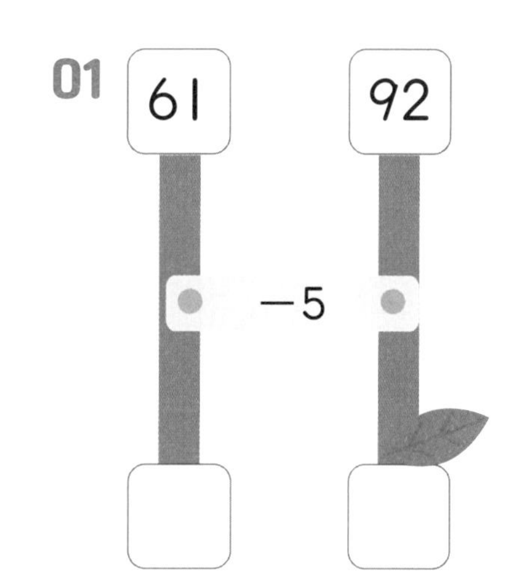

02
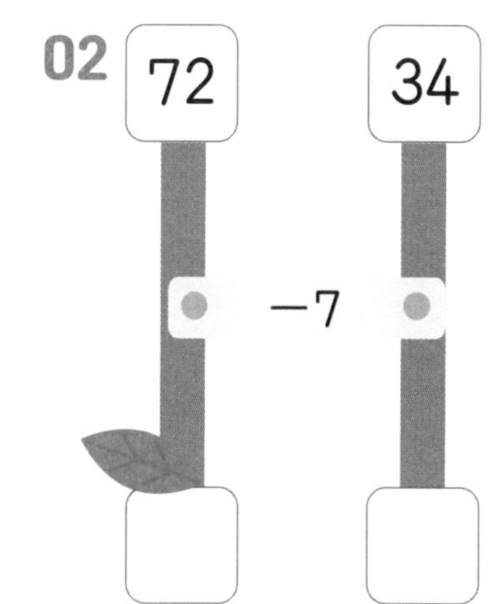

03
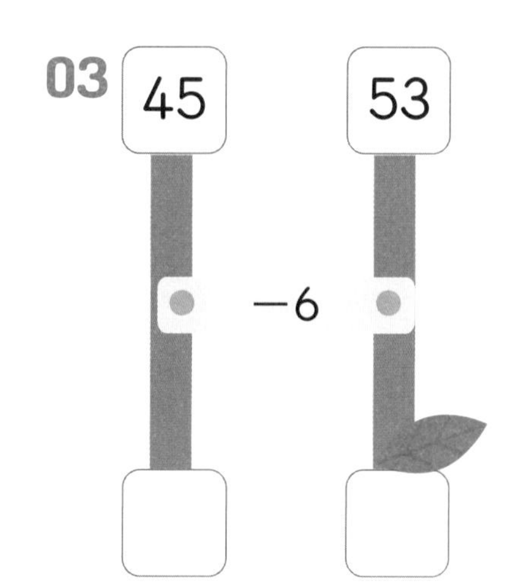

04
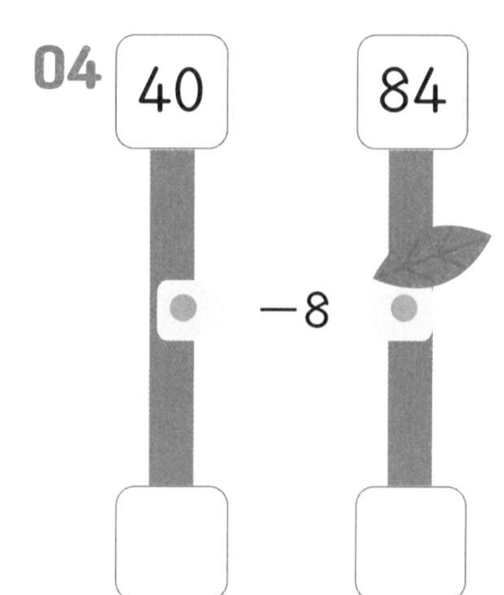

05
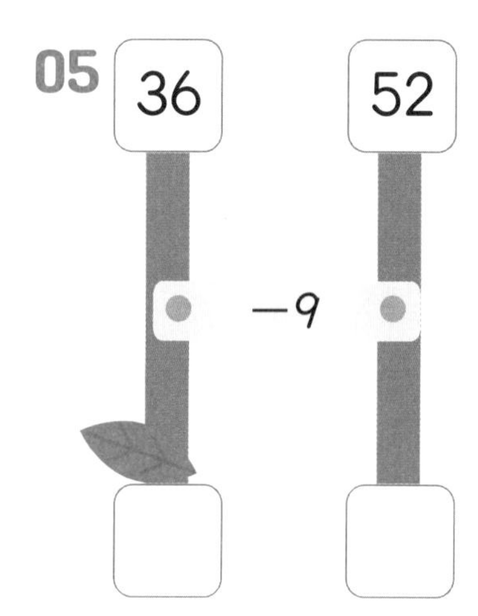

06
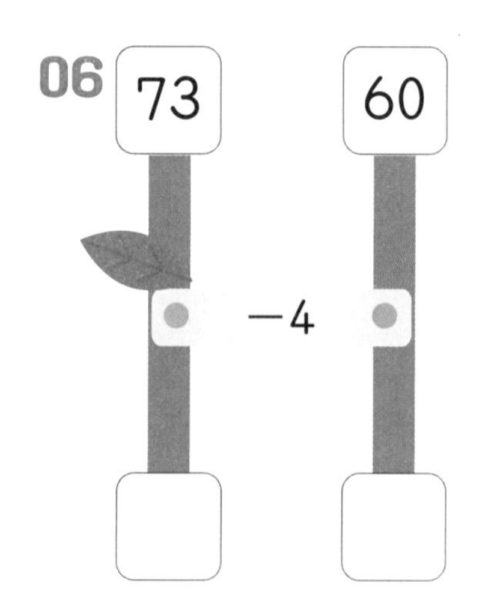

07
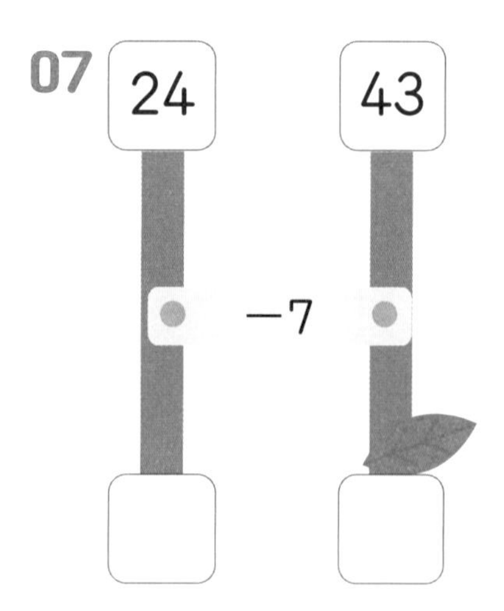

08
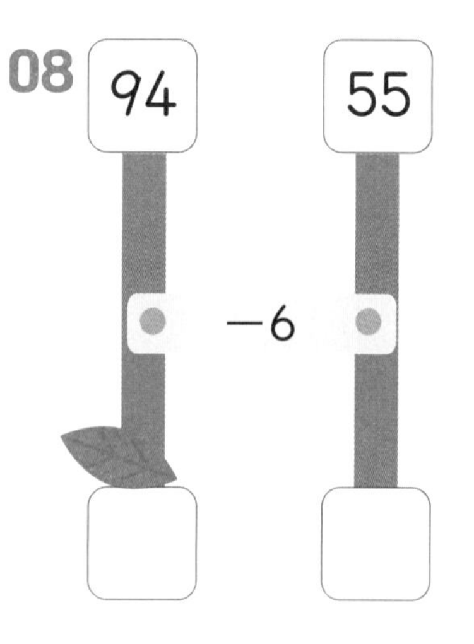

14 Ⓐ (두 자리 수)-(두 자리 수) 자리 나누어 빼기

십의 자리를 빼고 일의 자리를 빼서 계산할 수 있어요

빼는 수의 십의 자리와 일의 자리를 나누어 차례로 뺄 수 있습니다.

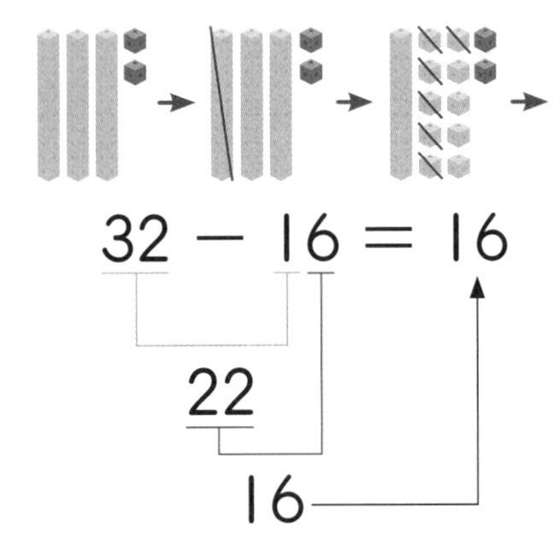

$32 - 16 = 16$

22

16

빼는 수 중 십의 자리 수를 먼저 빼고,
일의 자리 수를 빼서 계산할 수 있어.

□ 안에 알맞은 수를 채워 계산하세요.

01 $51 - 37$

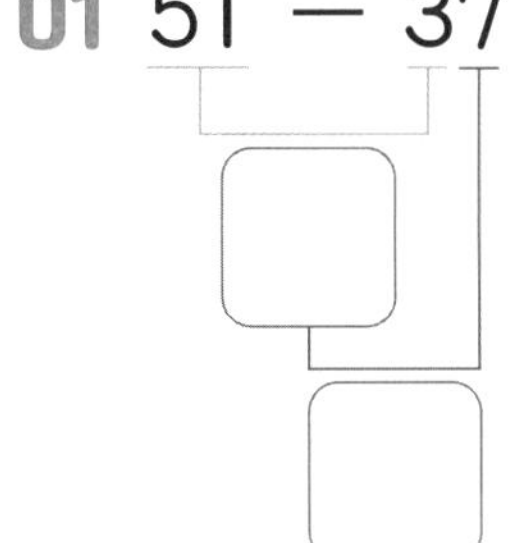

02 $92 - 16$

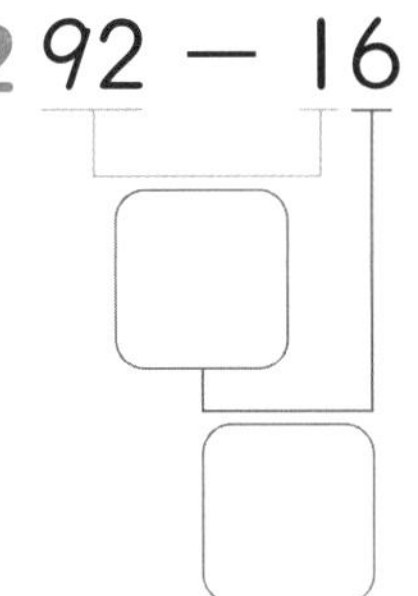

03 $64 - 35$

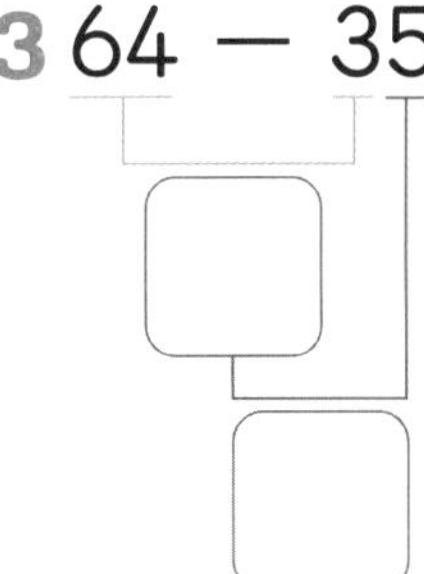

04 $32 - 18$

05 $72 - 25$

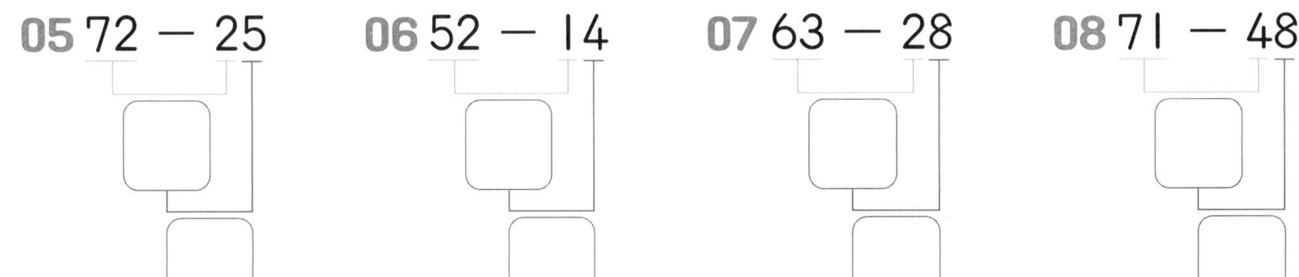

06 $52 - 14$

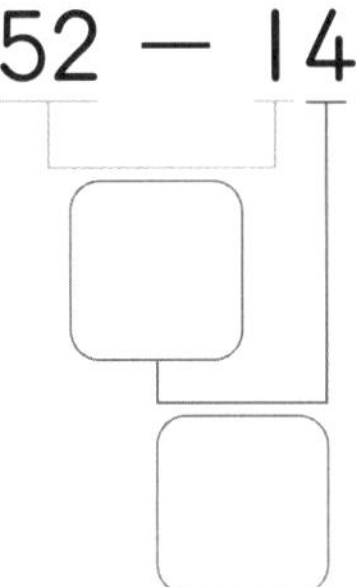

07 $63 - 28$

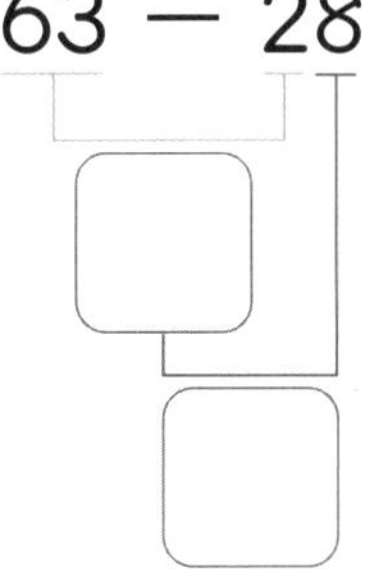

08 $71 - 48$

09 $64 - 36$

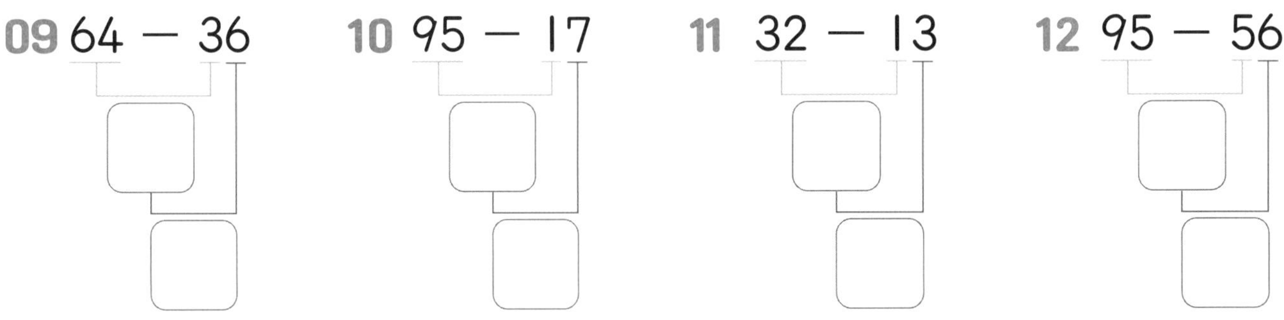

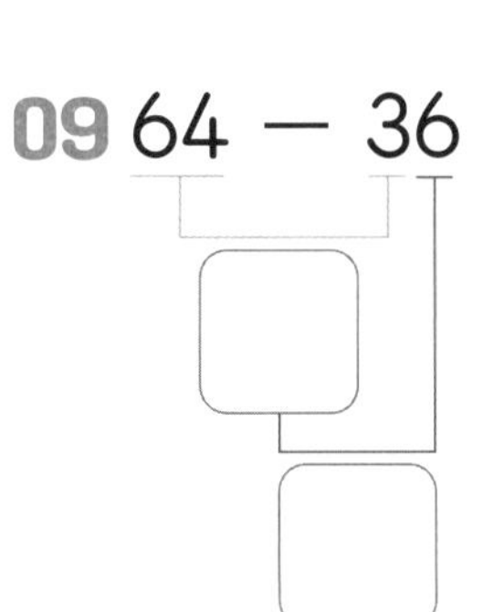

10 $95 - 17$

11 $32 - 13$

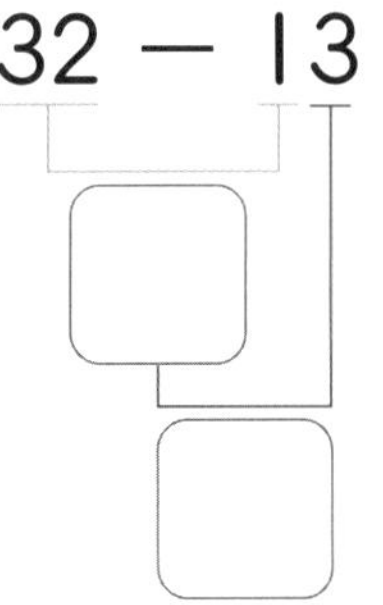

12 $95 - 56$

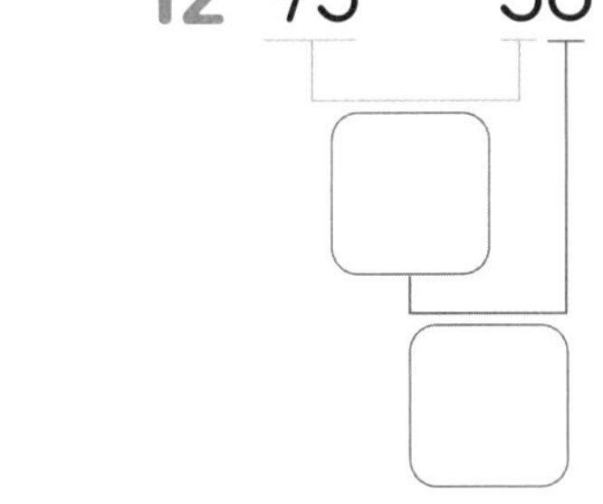

계산하세요.

01 $64-17=$

02 $70-43=$

03 $55-28=$

04 $81-23=$

05 $94-28=$

06 $73-36=$

07 $77-59=$

08 $35-26=$

09 $54-29=$

10 $72-44=$

11 $42-24=$

12 $82-35=$

13 $52-28=$

14 $52-17=$

15 $50-34=$

16 $94-16=$

17 $67-19=$

18 $81-37=$

14 (두 자리 수)-(두 자리 수) 자리 나누어 빼기

B 받아내림이 있는 뺄셈 연습 문제를 풀어 볼까요

계산하세요.

01 $74-27=$

02 $63-34=$

03 $91-45=$

04 $63-18=$

05 $72-25=$

06 $83-55=$

07 $97-28=$

08 $70-27=$

09 $52-18=$

10 $84-39=$

11 $52-33=$

12 $92-47=$

13 $83-16=$

14 $81-25=$

15 $66-27=$

16 $72-34=$

17 $45-29=$

18 $62-33=$

□ 안에 두 수의 차를 써넣으세요.

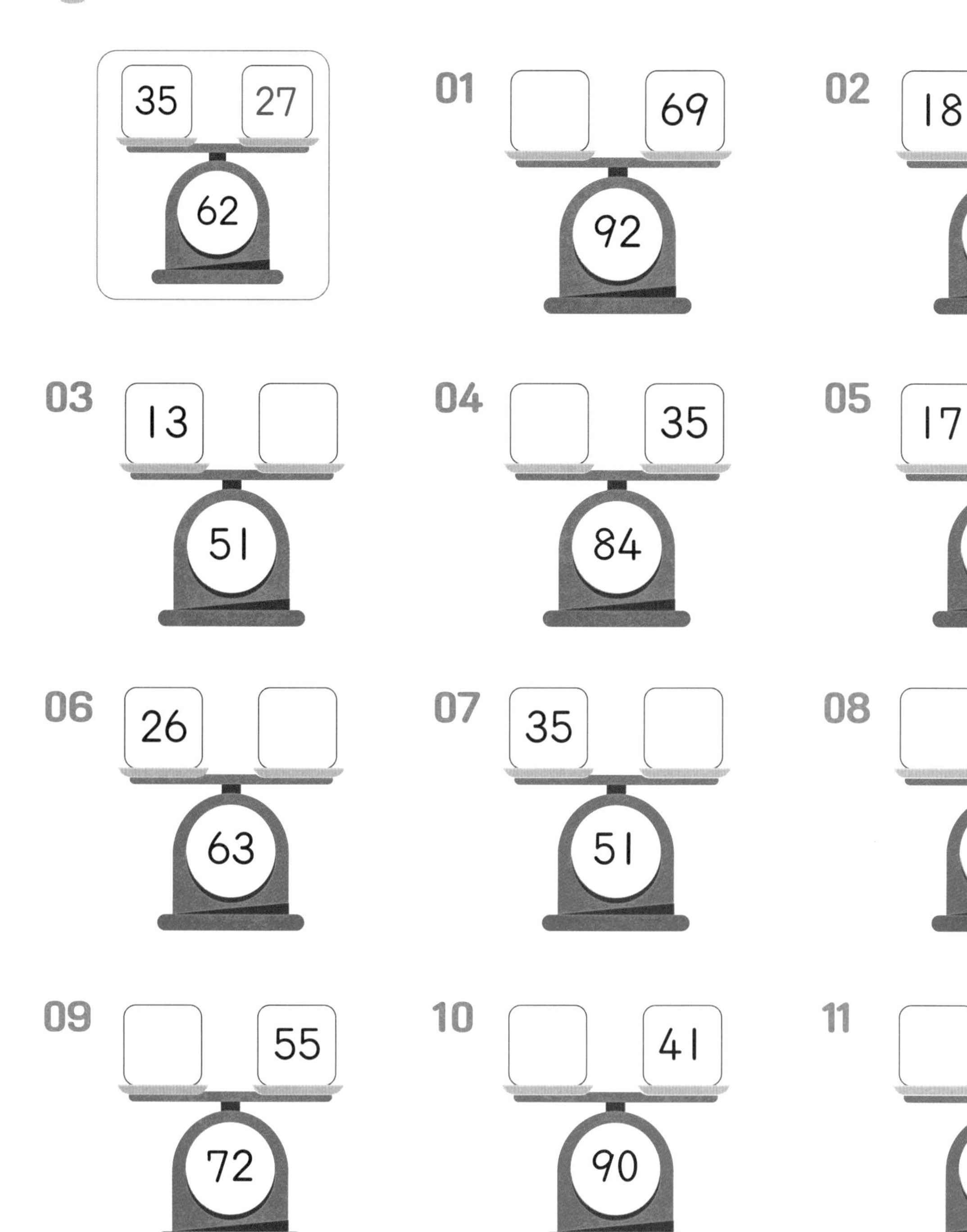

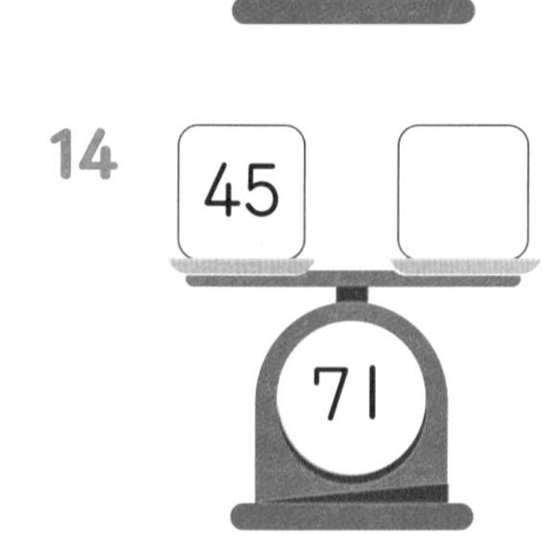

A 몇십에서 먼저 빼요

빼어지는 수에서 몇십을 갈라서 먼저 빼고, 갈라 놓은 수를 더해서 계산할 수 있습니다.

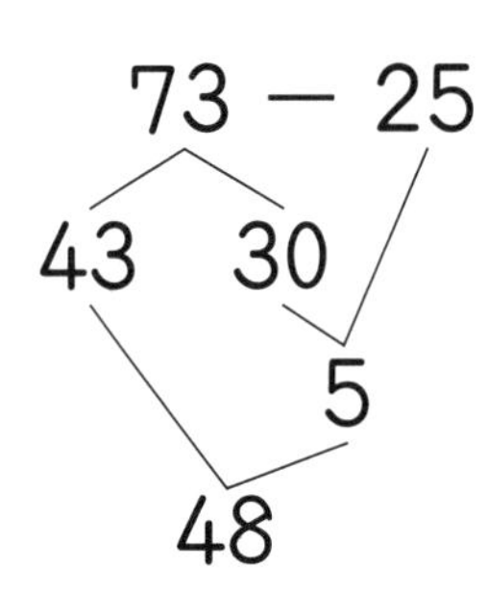

□ 안에 알맞은 수를 채워 계산하세요.

01 85 − 66

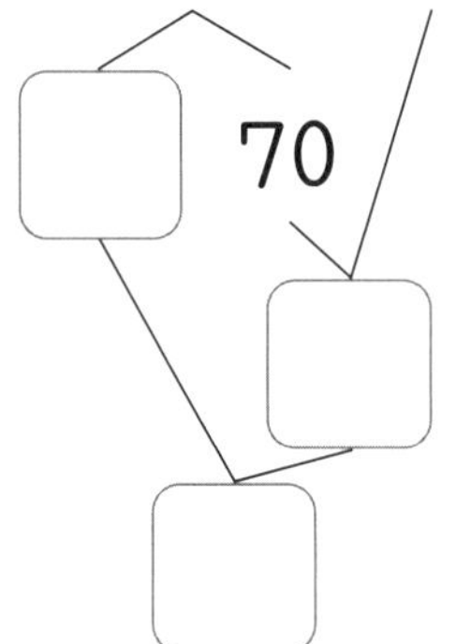

02 43 − 16

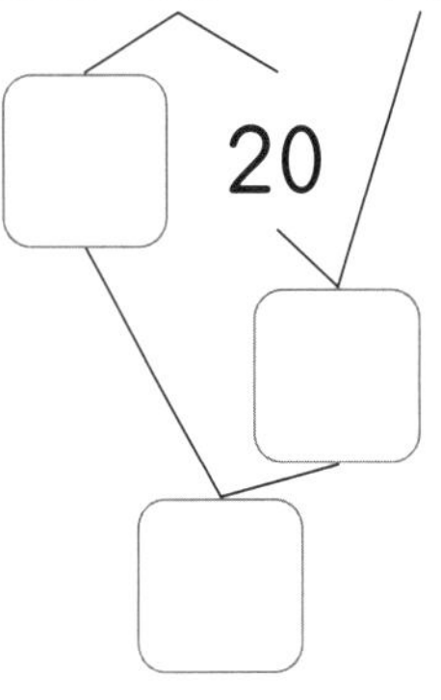

03 54 − 29

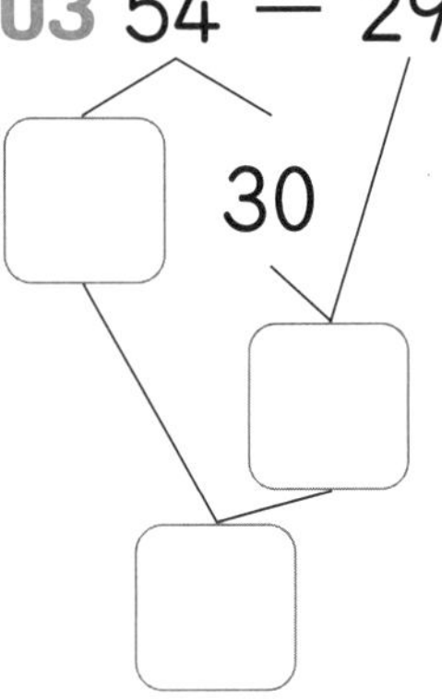

04 77 − 38

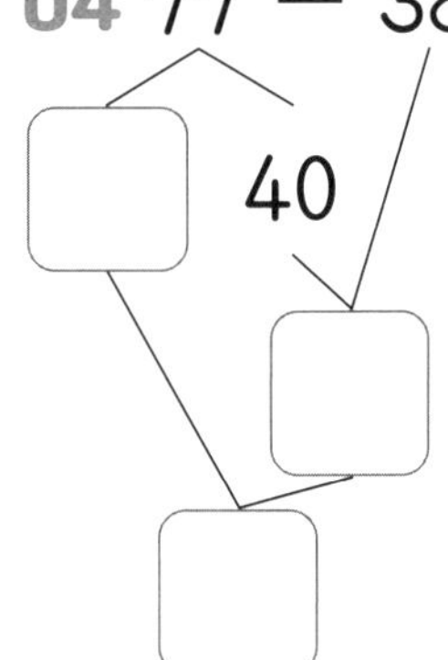

05 62 − 35

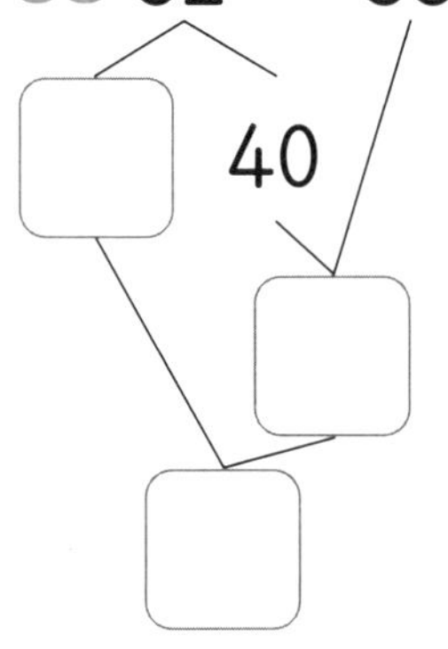

06 91 − 18

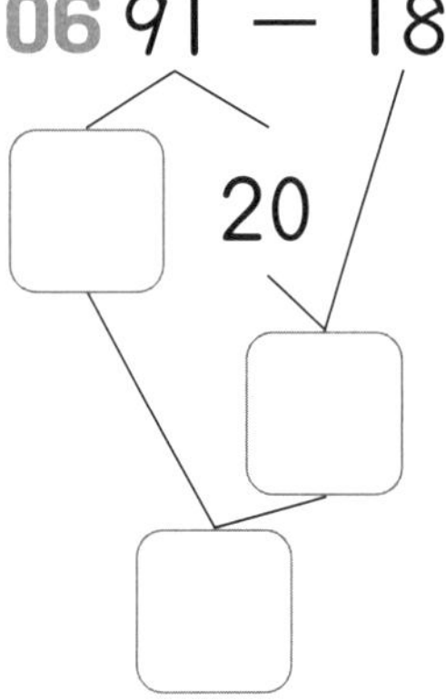

07 64 − 28

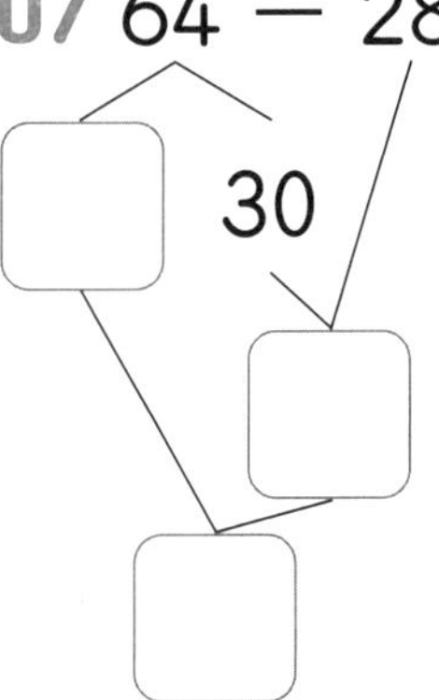

08 85 − 37

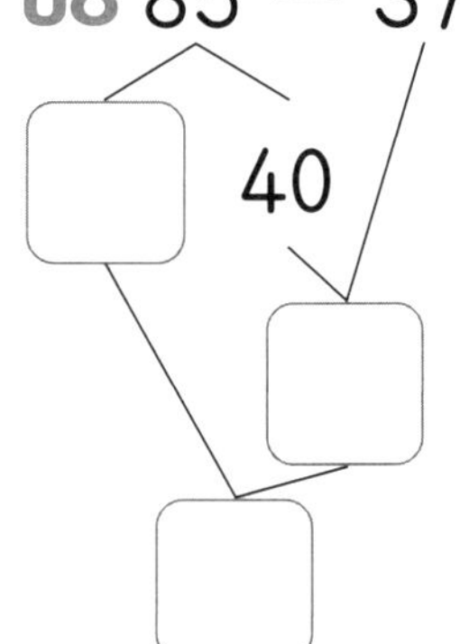

계산하세요.

01 $62-55=$

02 $55-18=$

03 $93-46=$

04 $61-27=$

05 $83-46=$

06 $95-29=$

07 $74-37=$

08 $44-25=$

09 $63-35=$

10 $58-39=$

11 $42-37=$

12 $80-47=$

13 $74-18=$

14 $41-12=$

15 $62-48=$

16 $77-59=$

17 $72-23=$

18 $56-27=$

15 (두 자리 수)-(두 자리 수) 몇십 만들어 빼기

B 빼어지는 수에서 몇십을 만들어서 빼요

계산하세요.

01 $51-26=$

02 $91-27=$

03 $65-38=$

04 $73-17=$

05 $28-19=$

06 $94-48=$

07 $57-18=$

08 $42-16=$

09 $65-39=$

10 $71-49=$

11 $62-47=$

12 $83-29=$

13 $73-36=$

14 $37-19=$

15 $45-28=$

16 $84-37=$

17 $73-38=$

18 $65-16=$

빈 곳에 두 수의 차를 써넣으세요.

01 27  61 

02 48 81 

03 43 18 

04 93 39 

05 62  49 

06 17 44 

07 19  33 

08 29 73 

09 82 37 

10 52 36 

11 26  51 

12 86 28 

13 38  73 

14 47 66 

16 (두 자리 수)-(두 자리 수) 세로셈

A 자리를 나누어 세로셈으로 계산해요

(두 자리 수)-(두 자리 수)에서 일의 자리 수끼리 뺄 수 없으면 빼어지는 수에서 10만큼을 일의 자리에 빌려줍니다.

		5	3
	−	2	4
13−4=			9
50−10−20=		2	0
		2	9

계산하세요.

01

		7	4
	−	3	7
14−7=			
70−10−30=			

02

		9	2
	−	6	4
12−4=			
90−10−60=			

03

		9	1
	−	4	8
11−8=			
90−10−40=			

04

		3	5
	−	1	9
15−9=			
30−10−10=			

05

		7	6
	−	2	9
16−9=			
70−10−20=			

06

		6	3
	−	2	6
13−6=			
60−10−20=			

계산하세요.

01

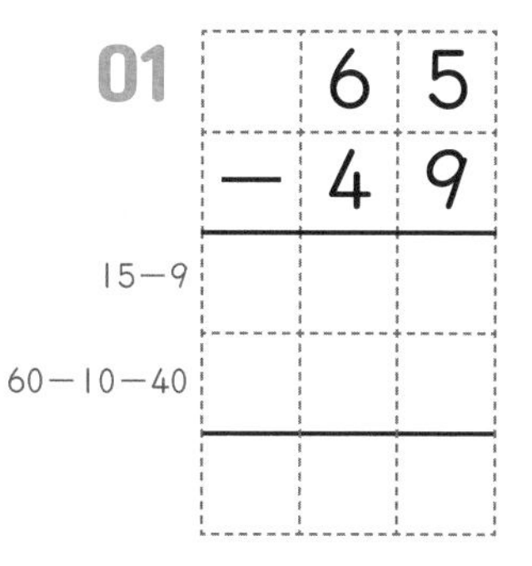

02 $\begin{array}{r} 72 \\ -\ 17 \\ \hline \end{array}$

03 $\begin{array}{r} 43 \\ -\ 25 \\ \hline \end{array}$

04 $\begin{array}{r} 84 \\ -\ 35 \\ \hline \end{array}$

05 $\begin{array}{r} 57 \\ -\ 29 \\ \hline \end{array}$

06 $\begin{array}{r} 76 \\ -\ 38 \\ \hline \end{array}$

07 $\begin{array}{r} 83 \\ -\ 47 \\ \hline \end{array}$

08 $\begin{array}{r} 83 \\ -\ 45 \\ \hline \end{array}$

09 $\begin{array}{r} 84 \\ -\ 36 \\ \hline \end{array}$

10 $\begin{array}{r} 44 \\ -\ 19 \\ \hline \end{array}$

11 $\begin{array}{r} 41 \\ -\ 24 \\ \hline \end{array}$

12 $\begin{array}{r} 94 \\ -\ 68 \\ \hline \end{array}$

13 $\begin{array}{r} 53 \\ -\ 28 \\ \hline \end{array}$

14 $\begin{array}{r} 81 \\ -\ 57 \\ \hline \end{array}$

15 $\begin{array}{r} 72 \\ -\ 29 \\ \hline \end{array}$

16 $\begin{array}{r} 85 \\ -\ 46 \\ \hline \end{array}$

16 B (두 자리 수)-(두 자리 수) 세로셈

받아내림은 위에 작게 표시해요

일의 자리끼리 뺄 수 없으면 십의 자리에서 10을 받아내림합니다. 받아내림을 작은 수로 세로셈식 위에 표시하면 간편하게 풀 수 있습니다.

일의 자리끼리 뺄셈을 할 수 없으니까 십의 자리에서 10을 빌려 와서 빼.

	7	10
	~~8~~	4
−	5	8
		6

십의 자리는 일의 자리에 빌려주고 남은 수에서 십의 자리 뺄셈을 하는 거야.

	7	10
	~~8~~	4
−	5	8
	2	6

계산하세요.

01

	5	4
−	1	9

02

	6	3
−	3	7

03

	8	2
−	4	8

04

	7	4
−	3	8

05

	6	1
−	1	5

06

	9	3
−	4	9

07

	7	1
−	2	6

08

	5	3
−	2	5

09

	8	0
−	1	4

10

	4	1
−	2	3

11

	6	2
−	2	7

12

	4	5
−	2	8

공부한 날 : 월 일

계산하세요.

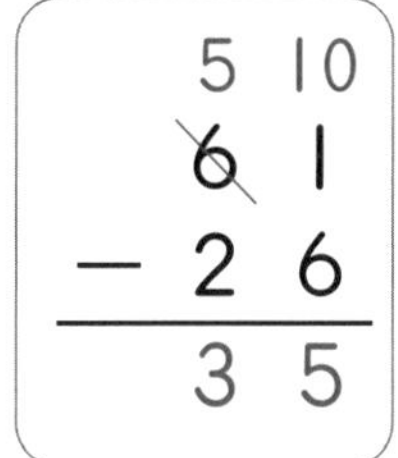

(두 자리 수)−(한 자리 수)
와 방법은 비슷하지?
십의 자리끼리 빼는 것만
추가 되는 거야.

01 $87 - 19$

02 $64 - 28$

03 $53 - 14$

04 $92 - 26$

05 $71 - 56$

06 $65 - 16$

07 $81 - 74$

08 $41 - 27$

09 $62 - 37$

10 $51 - 35$

11 $75 - 38$

12 $65 - 28$

13 $84 - 67$

14 $83 - 55$

15 $62 - 49$

16 $47 - 19$

17 $63 - 48$

18 $56 - 29$

2 PART

17 (두 자리 수)-(두 자리 수) 연습

A 두 자리 수의 뺄셈을 연습해요

계산하세요.

01 $63-28=$

02 $72-17=$

03 $94-15=$

04 $60-11=$

05 $54-35=$

06 $83-46=$

07 $54-36=$

08 $77-49=$

09 $91-34=$

10 $83-34=$

11 $67-29=$

12 $51-15=$

13 $63-45=$

14 $82-15=$

15 $96-57=$

16 $35-19=$

17 $43-28=$

18 $50-37=$

계산하세요.

01 $34-16=$

02 $41-25=$

03 $72-59=$

04 $93-14=$

05 $97-48=$

06 $24-16=$

07 $60-34=$

08 $74-26=$

09 $91-47=$

10 $52-23=$

11 $94-37=$

12 $34-16=$

13 $78-59=$

14 $32-13=$

15 $75-49=$

16 $62-45=$

17 $52-16=$

18 $83-46=$

17 (두 자리 수)-(두 자리 수) 연습

B 다양한 뺄셈 연습 문제를 풀어 볼까요

빈 곳에 두 수의 차를 써넣으세요.

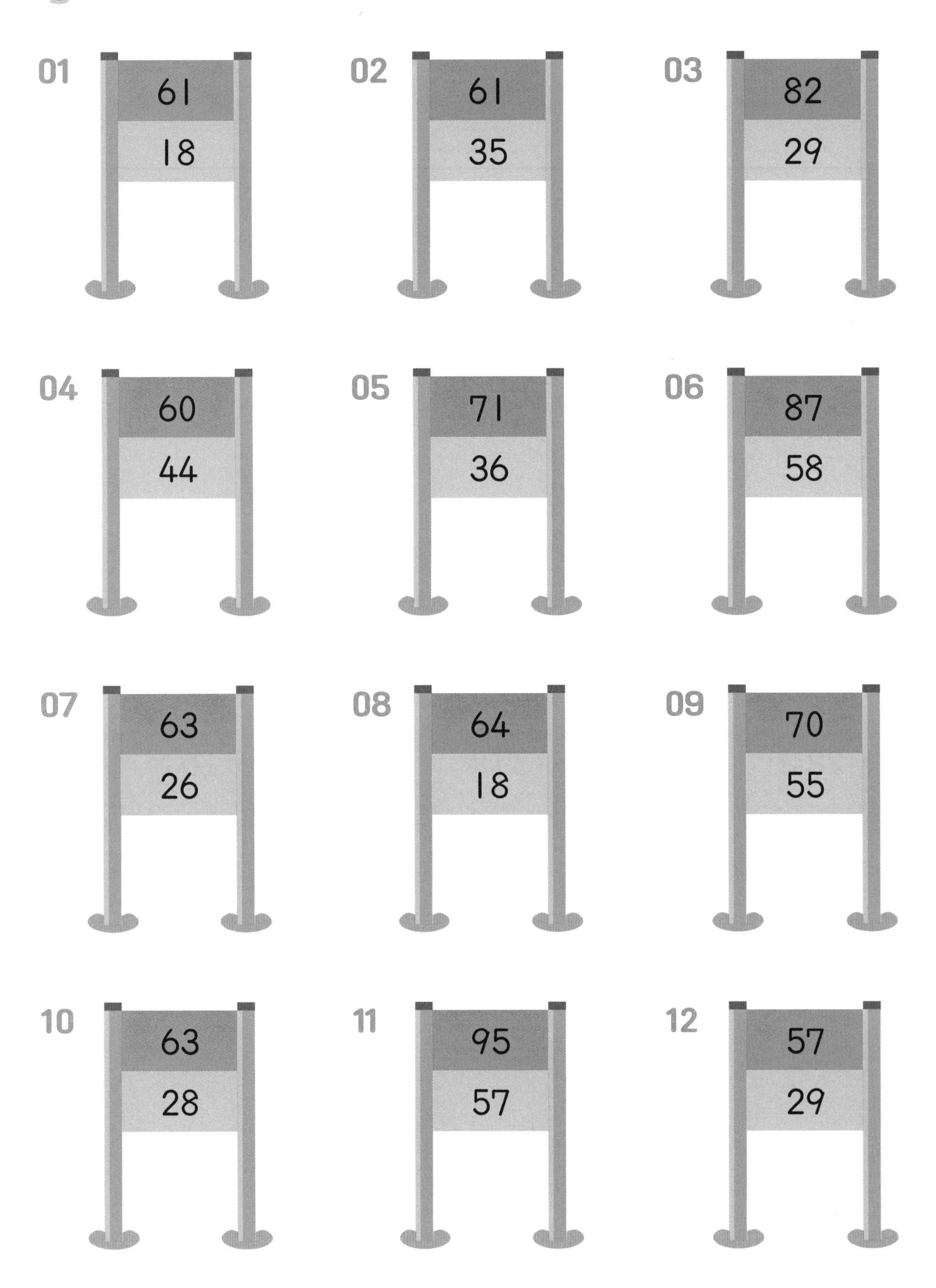

빈 곳에 알맞은 수를 써넣으세요.

01

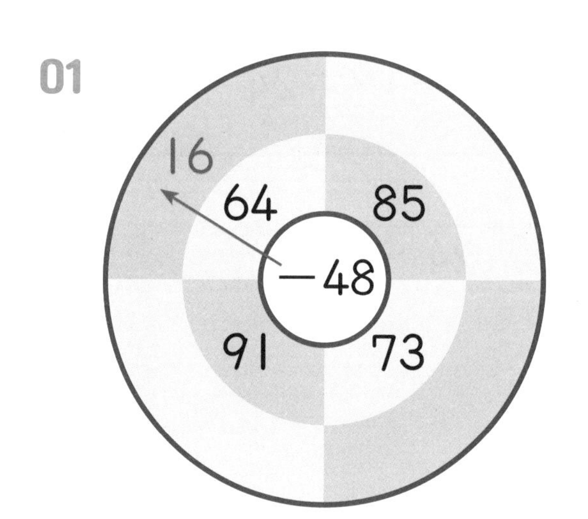

02

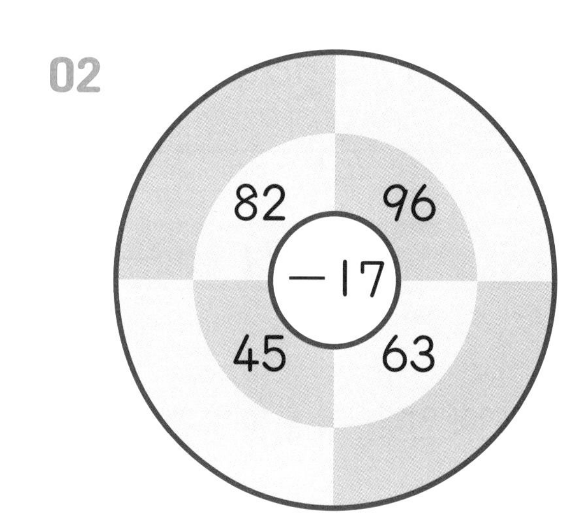

03

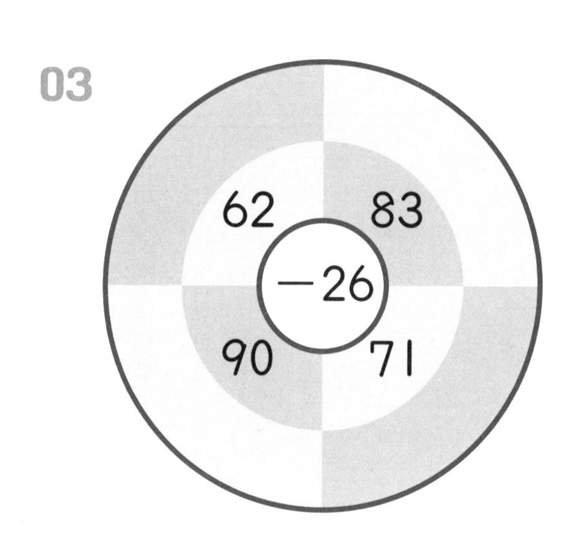

04

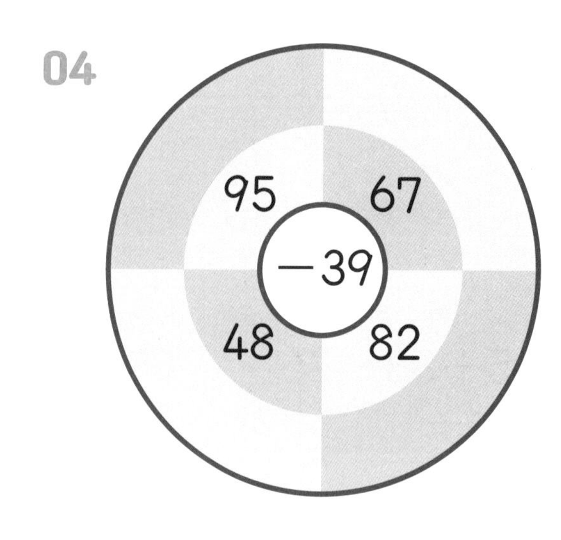

05

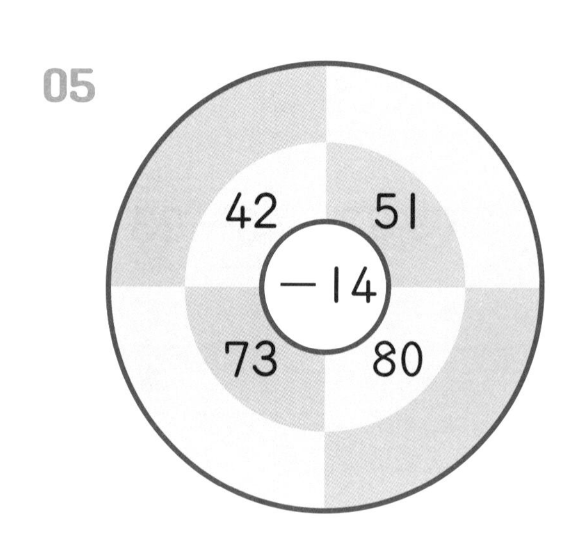

06

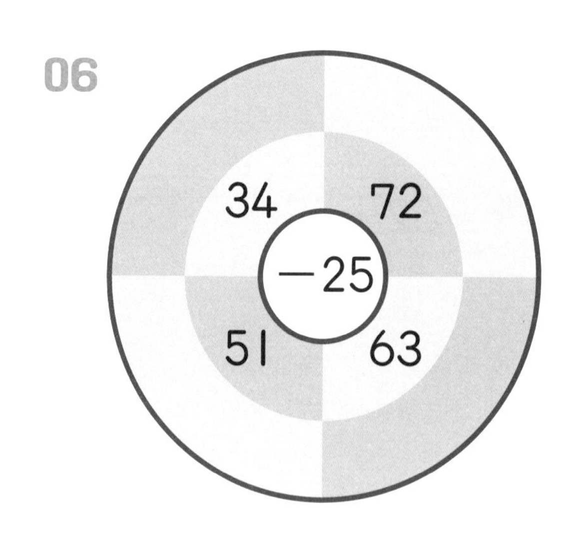

18 A 세 수의 덧셈과 뺄셈은 차례로 계산해요

세 수의 덧셈과 뺄셈은 앞에서부터 차례로 계산합니다.

$14+29+28=71$ (14+29=43, 43+28=71)

$28+15-19=24$ (28+15=43, 43-19=24)

□ 안에 알맞은 수를 채워 계산하세요.

01 $61+16+29$

02 $85-47+24$

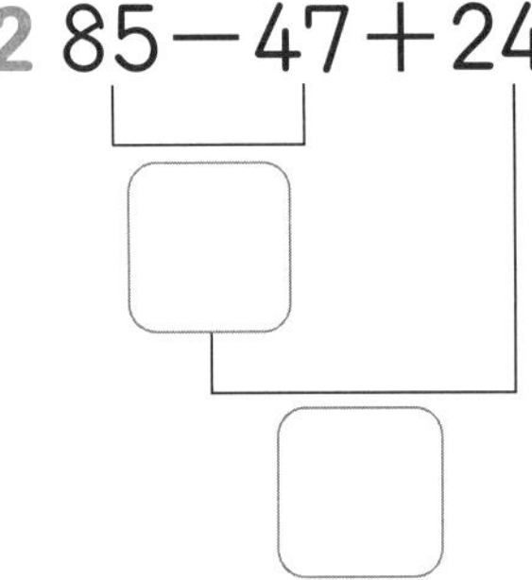

03 $57-19-25$

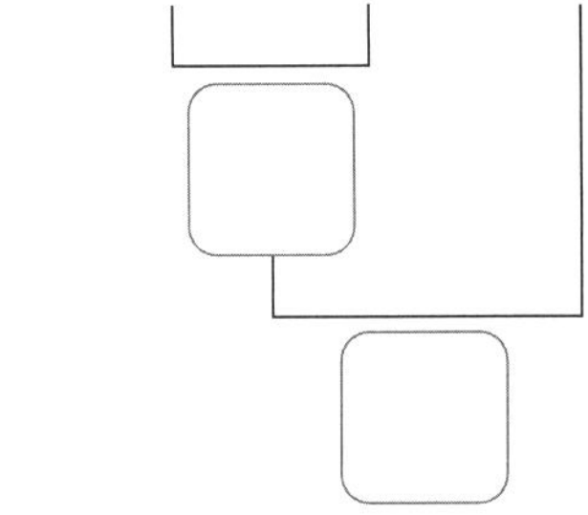

04 $45+33-26$

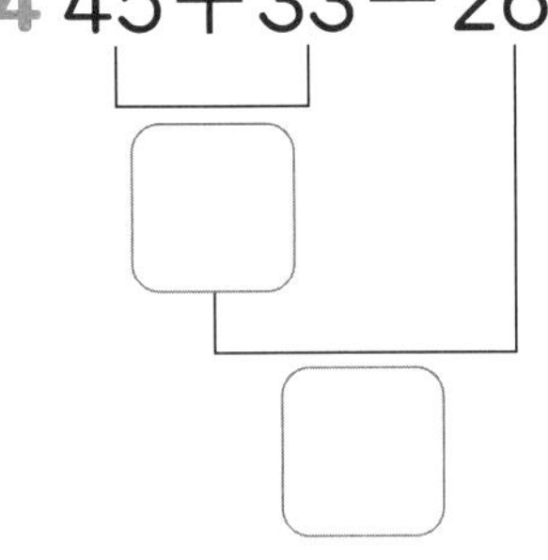

05 $73-56+14$

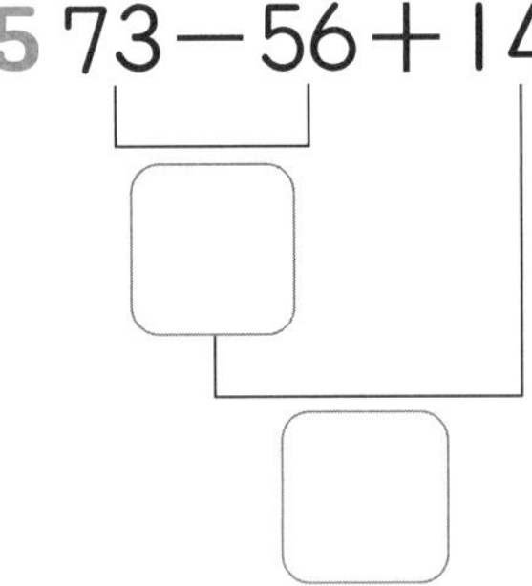

06 $63+31-15$

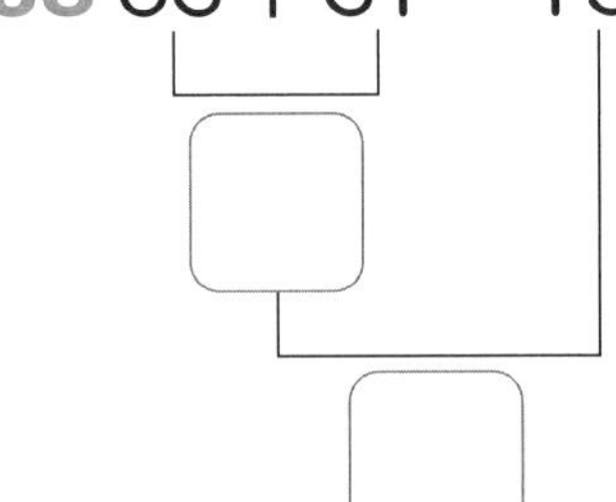

07 $19+62+29$

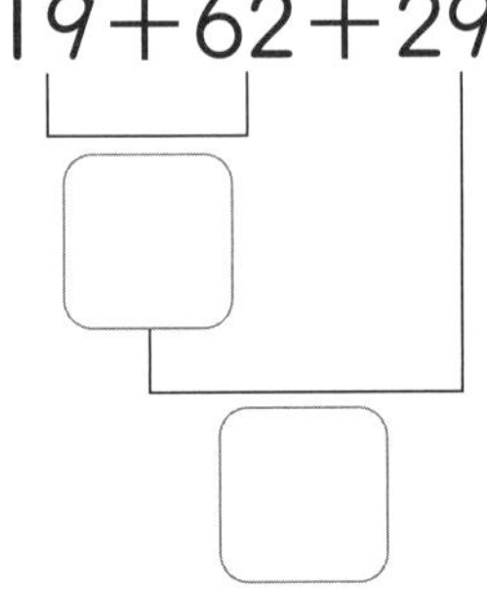

08 $94-18+44$

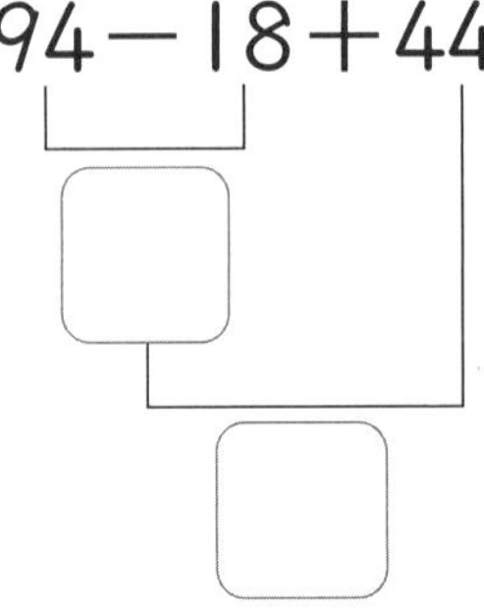

09 $93-48-23$

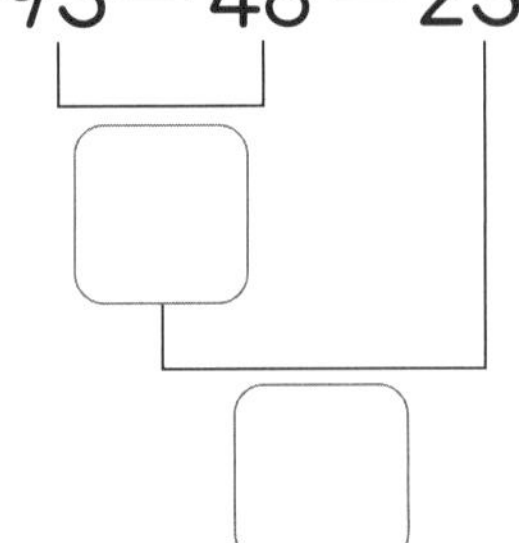

계산하세요.

01 $54+39+28=$

02 $79-36+81=$

03 $35+57-68=$

04 $51-16-18=$

05 $87-28+34=$

06 $31+46+15=$

07 $36+56+62=$

08 $16+75-48=$

09 $91-64+31=$

10 $96-23-47=$

11 $90-17-45=$

12 $51+24-56=$

18 세 수의 덧셈과 뺄셈

B 세 수의 덧셈은 세로셈이 편리합니다

세 수의 덧셈은 차례로 계산하지 않고, 같은 자리끼리 계산할 수도 있습니다. 그래서 세로셈으로 계산하는 것이 편리합니다.

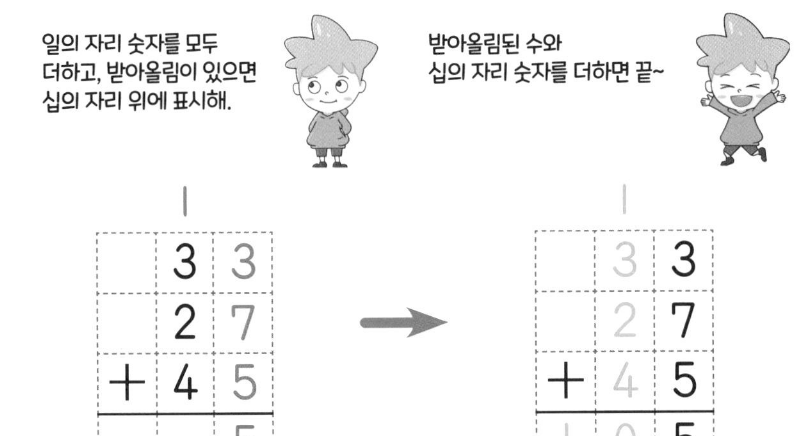

	1	
	3	3
	2	7
+	4	5
		5

→

	1	
	3	3
	2	7
+	4	5
1	0	5

계산하세요.

세 수를 한 번에 더할 때는 십의 자리로 받아올림하는 수가 2가 될 수도 있어!

01

	□	
	2	6
	5	3
+	7	8

02

	□	
	4	3
	2	2
+	2	9

03

	□	
	1	6
	7	7
+	1	9

04

	□	
	5	6
	3	9
+	9	3

05

	□	
	5	5
	2	7
+	8	7

06

	□	
	6	1
	1	4
+	4	6

07

	□	
	6	4
	1	8
+	8	3

08

	□	
	4	2
	3	5
+	5	9

계산하세요.

01 $17+26+65=$

02 $59+16+72=$

03 $56+43+84=$

04 $22+59+75=$

05 $57+41+54=$

06 $57+27+48=$

07 $53+28+17=$

08 $15+39+86=$

09 $27+58+78=$

10 $23+44+95=$

11 $66+26+53=$

12 $13+68+56=$

19 A 세 수의 덧셈과 뺄셈을 연습해 볼까요

계산하세요.

01 $92-37-47=$

02 $41+34-56=$

03 $36+62+77=$

04 $87-23-35=$

05 $31+16+84=$

06 $74-45+53=$

07 $44+52-18=$

08 $35+56+29=$

09 $70-22-34=$

10 $91-26+37=$

11 $85-18+73=$

12 $26+56-47=$

계산하세요.

01 $56-27+14=$

02 $39+58+66=$

03 $49+48-66=$

04 $81-15-52=$

05 $38+49+65=$

06 $14+85-73=$

07 $77-41-18=$

08 $92-67+48=$

09 $33-19+42=$

10 $49+42-16=$

11 $94-19-28=$

12 $45+46+67=$

19 B 세 수의 덧셈과 뺄셈 연습

식으로 주어지지 않은 문제도 차례로 계산해요

노란색 풍선 안의 수는 더하고, 초록색 풍선 안의 수는 빼어 □ 안에 계산 결과를 써넣으세요.

01

57 39 45

□

02

48 34 56

□

03

□

04

96 24 47

□

05

90 15 42

□

06

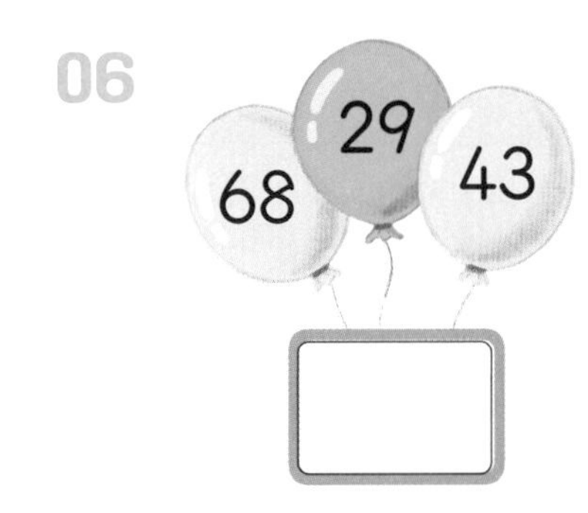

□

07

40 13 76

□

08

49 25 84

□

09

□

10

34 49 27

□

11

64 31 18

□

12

48 46 37

□

공부한 날 : 월 일

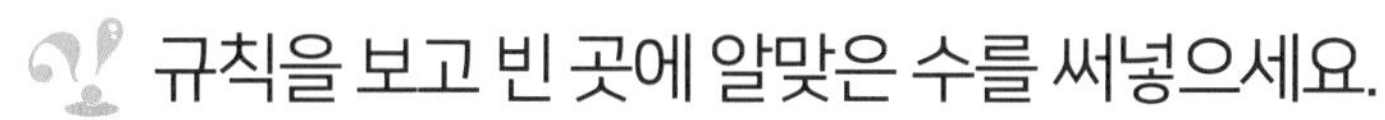

규칙을 보고 빈 곳에 알맞은 수를 써넣으세요.

01

02

03

04

05

06

07

08

09

10

두 자리 수 뺄셈 종합 연습

20 A 실수가 없도록 연습해요

계산하세요.

01 $72-6=$

02 $85-8=$

03 $64-6=$

04 $51-5=$

05 $46-7=$

06 $32-7=$

07 $53-27=$

08 $53-16=$

09 $96-37=$

10 $73-35=$

11 $64-29=$

12 $80-24=$

13 $28+54-19=$

14 $31+25+44=$

15 $27+64-47=$

16 $92-18+35=$

17 $82-35-16=$

18 $74-35+98=$

빈칸에 알맞은 수를 써넣으세요.

01

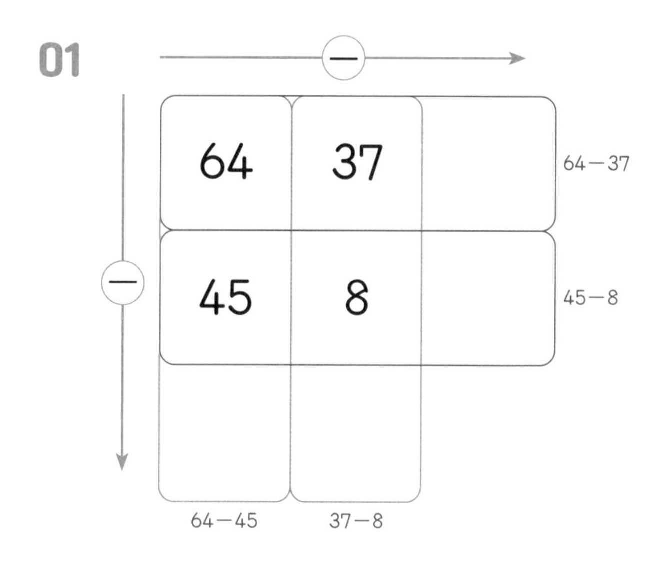

02

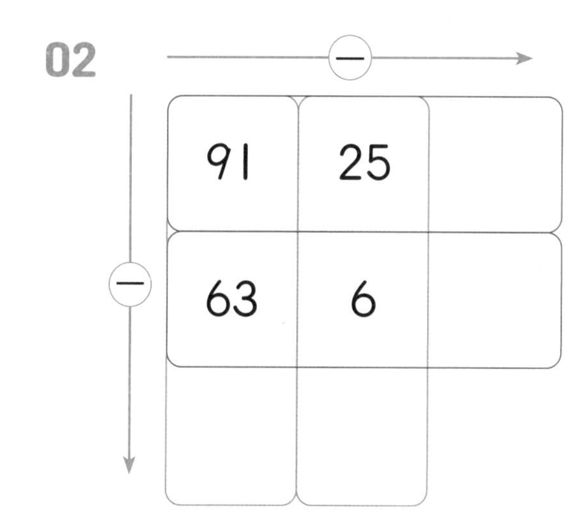

03

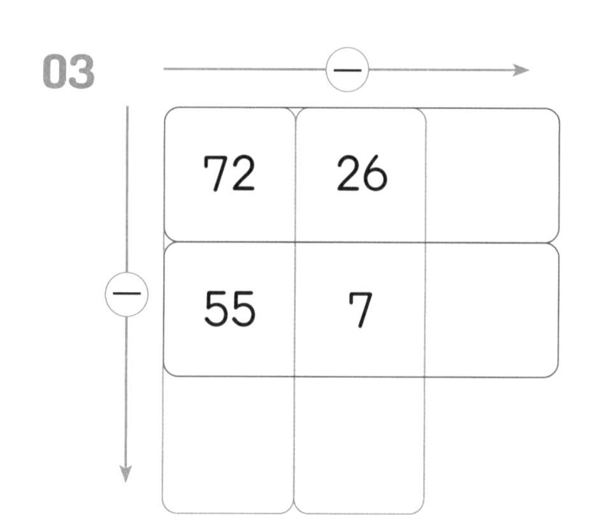

04

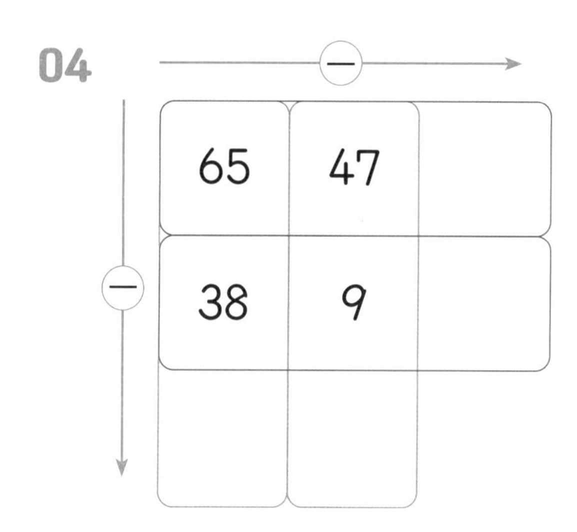

05

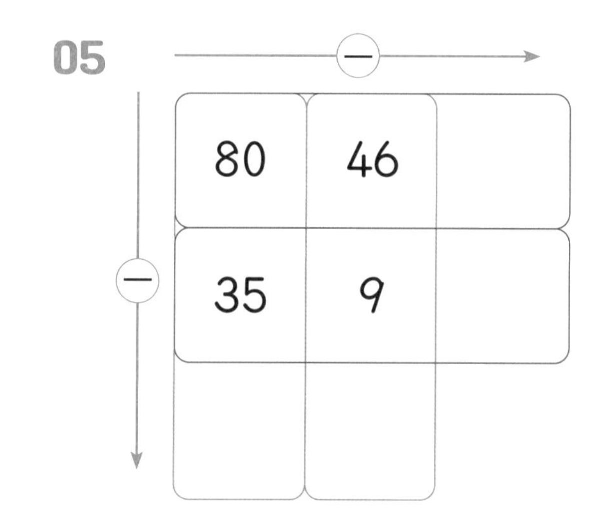

06

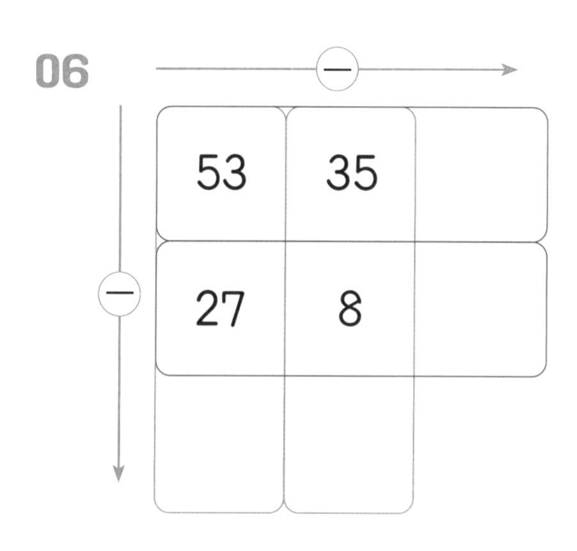

이런 문제를 다루어요

01 계산하세요.

$42-5=$

$$\begin{array}{r} 35 \\ -\ 17 \\ \hline \end{array}$$

$$\begin{array}{r} 61 \\ -\ 28 \\ \hline \end{array}$$

02 □ 안에 알맞은 수를 써넣으세요.

$$\begin{array}{r} 5\square \\ -\ 38 \\ \hline 17 \end{array}$$

$$\begin{array}{r} 6\square \\ -\ 15 \\ \hline 49 \end{array}$$

03 과일 가게에 사과가 모두 73개가 있었습니다. 그중 56개가 팔렸다면 남은 사과는 몇 개일까요?

식 : ____________________ 답 : ______개

04 빈칸에 들어갈 수는 선으로 연결된 두 수의 차입니다. 빈칸에 알맞은 수를 써넣으세요.

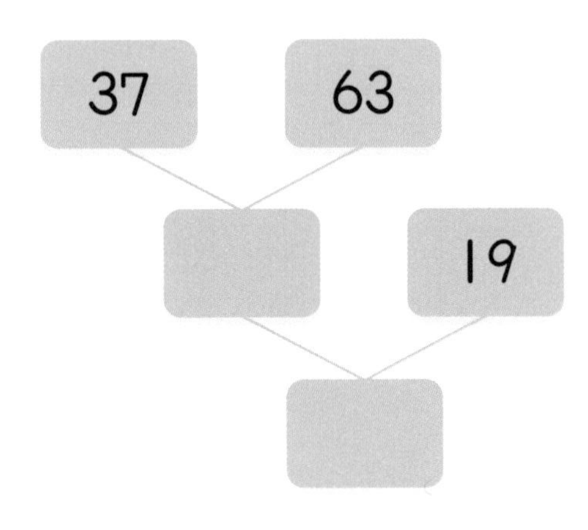

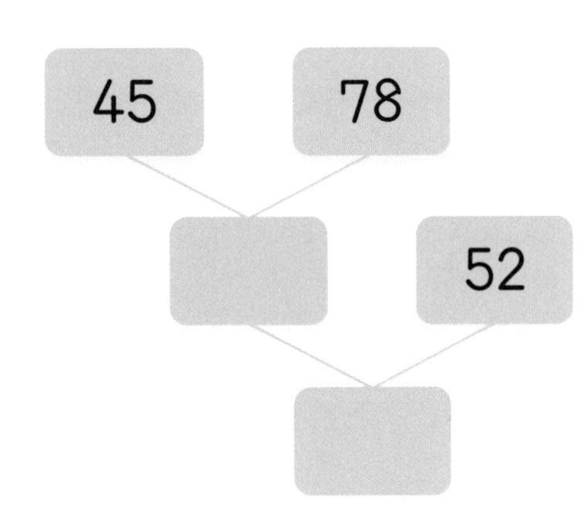

05 수 카드 2, 5, 7 중에서 2장을 골라 두 자리 수를 만들어 90에서 빼려고 합니다. 계산 결과가 가장 작은 수가 되는 뺄셈식을 쓰고 계산하세요.

90 − □ = □

06 빈칸에 알맞은 수를 써넣으세요.

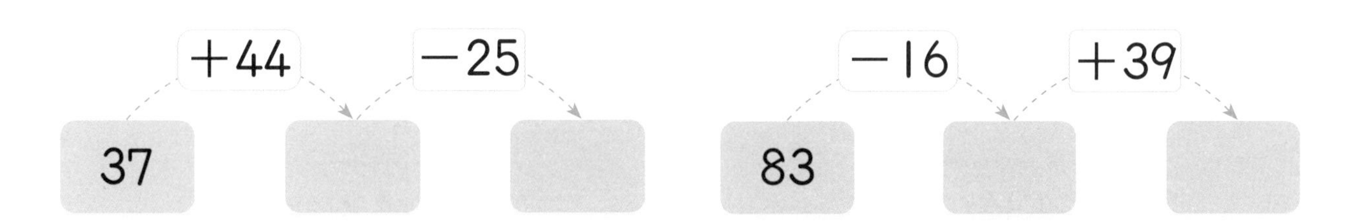

07 아래의 수 카드 중에서 한 장을 골라 계산식을 완성하려고 합니다. □ 안에 알맞은 수를 써넣으세요.

19 24 28

73−45+□=47

73+19−□=68

08 교실을 장식하기 위해 빨간색 풍선 45개와 파란색 풍선 39개를 준비하였습니다. 그중 18개가 터졌다면 교실에 남아 있는 풍선은 모두 몇 개일까요?

식 : ________________ 답 : ______개

연산 약속

어떤 규칙에 따라 두 수가 하나의 수로 변합니다.

34	◆	12	=	64
17	◆	31	=	84
53	◆	25	=	87

32	◎	45	=	31
35	◎	89	=	45
26	◎	97	=	17

빈칸에 알맞은 수를 써넣으세요.

12	◆	34	=	
25	◆	42	=	
17	◎	59	=	
41	◎	98	=	

덧셈, 뺄셈이랑
비슷한 것 같긴 한데...

덧셈과 뺄셈의 관계

차시별로 정답률을 확인하고, 성취도에 O표 하세요.

80% 이상 맞혔어요. 60%~80% 맞혔어요. 60% 이하 맞혔어요.

차시	단원	성취도
21	세 수로 덧셈식과 뺄셈식 만들기	
22	덧셈식과 뺄셈식 바꾸어 만들기	
23	(몇)+□	
24	(몇)-□	
25	□-(몇)	
26	□ 구하기 연습	

덧셈식이나 뺄셈식에서 모르는 수가 있을 때는 식을 그림으로 나타내어 생각해 봅니다.

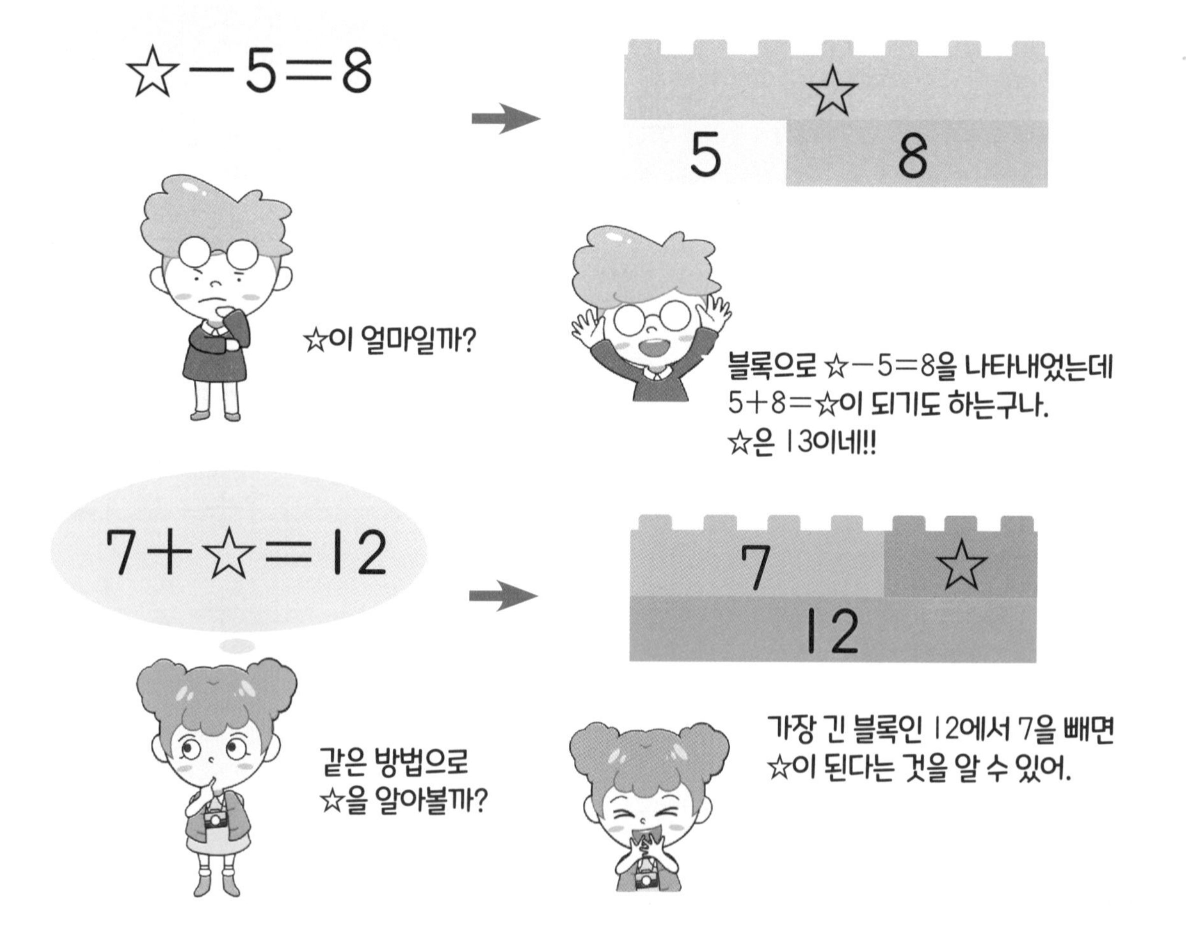

21 A 세 수로 덧셈식과 뺄셈식을 만들어요

세 수를 사용하여 덧셈식 2개와 뺄셈식 2개를 만들어 보세요.

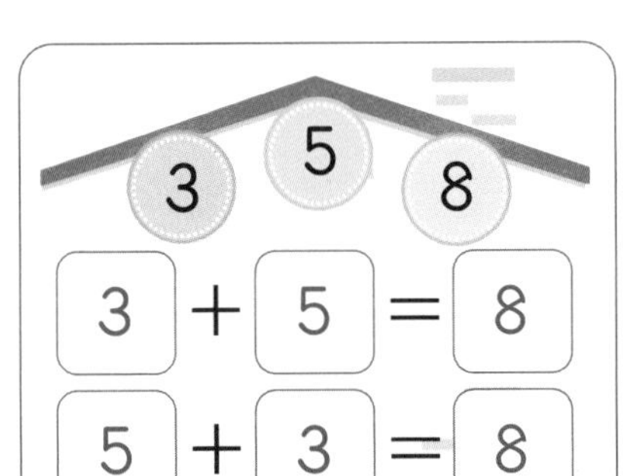

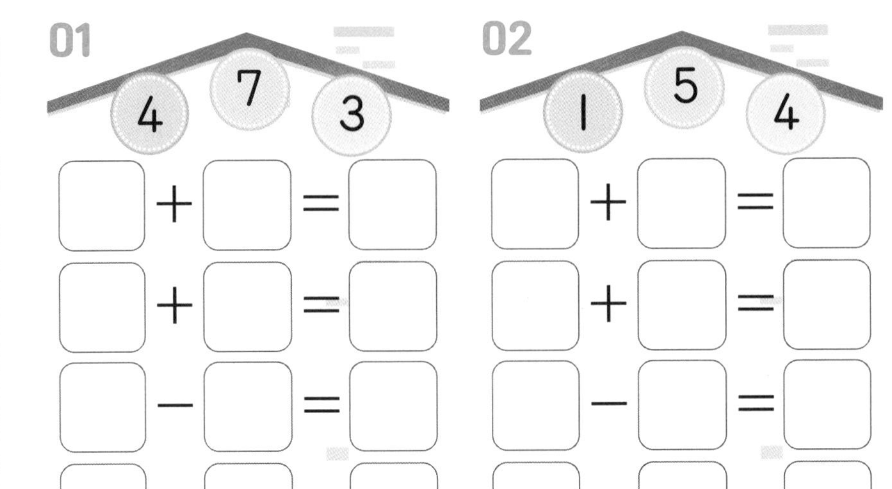

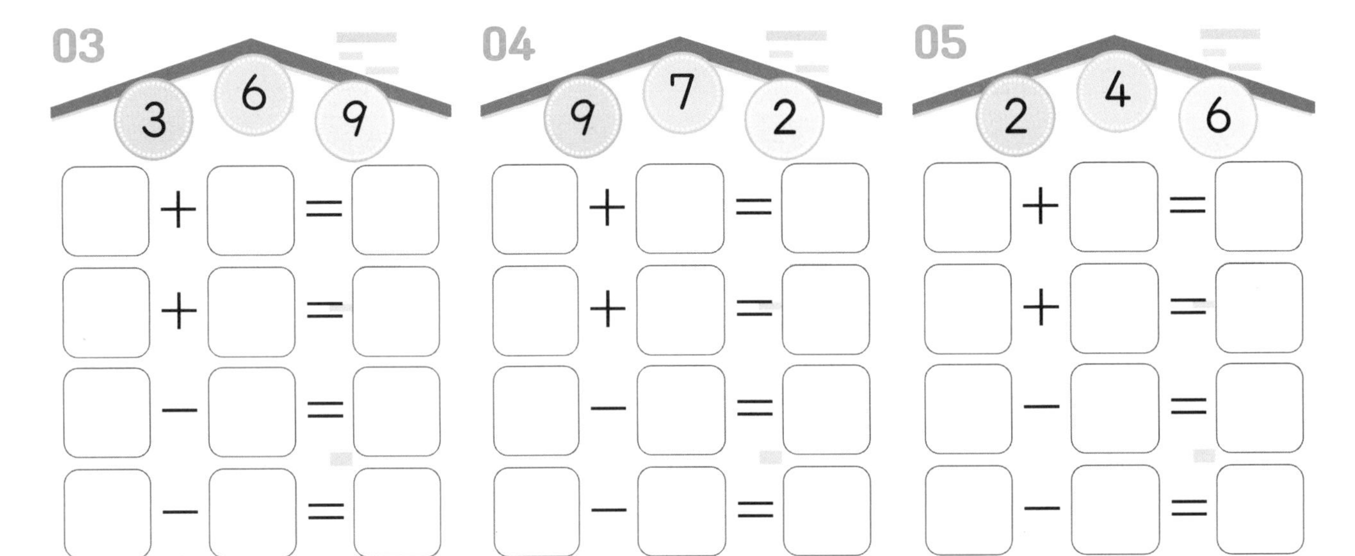

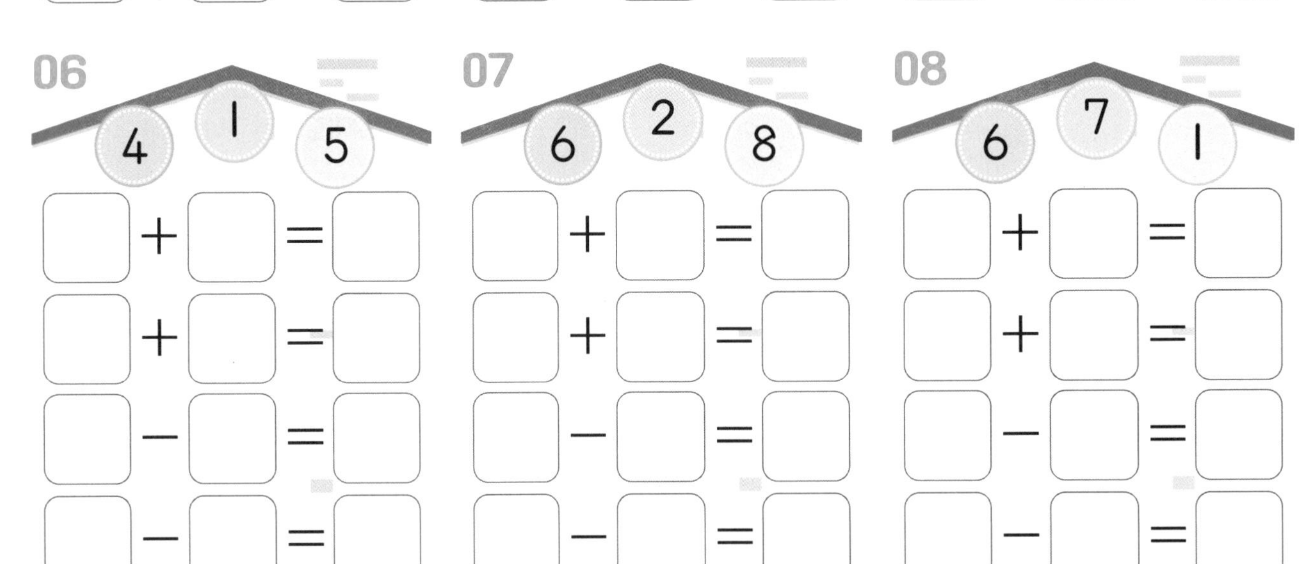

세 수로 덧셈식, 뺄셈식을 2개씩 만들 수 있습니다. ?가 될 수 있는 수 2개를 구하세요.

가장 큰 수가 모르는 수일 때와 아닐 때로 나누어서 생각해 봐.

01 5 3 ?

? = ◯

? = ◯

02 3 2 ?

? = ◯

? = ◯

03 1 7 ?

? = ◯

? = ◯

04 4 2 ?

? = ◯

? = ◯

05 2 5 ?

? = ◯

? = ◯

06 5 4 ?

? = ◯

? = ◯

07 6 1 ?

? = ◯

? = ◯

08 3 6 ?

? = ◯

? = ◯

09 2 6 ?

? = ◯

? = ◯

10  3 ?

? = ◯

? = ◯

11 7 2 ?

? = ◯

? = ◯

12 4 3 ?

? = ◯

? = ◯

21 세 수로 덧셈식과 뺄셈식 만들기

B 작은 두 수를 더하면 가장 큰 수가 돼요

세 수를 사용하여 덧셈식 2개와 뺄셈식 2개를 만들어 보세요.

01 24 41 17

□ + □ = □
□ + □ = □
□ − □ = □
□ − □ = □

02 62 25 37

□ + □ = □
□ + □ = □
□ − □ = □
□ − □ = □

03 19 49 68

□ + □ = □
□ + □ = □
□ − □ = □
□ − □ = □

04 26 46 72

□ + □ = □
□ + □ = □
□ − □ = □
□ − □ = □

05 28 92 64

□ + □ = □
□ + □ = □
□ − □ = □
□ − □ = □

06 65 42 23

□ + □ = □
□ + □ = □
□ − □ = □
□ − □ = □

07 59 77 18

□ + □ = □
□ + □ = □
□ − □ = □
□ − □ = □

08 83 21 62

□ + □ = □
□ + □ = □
□ − □ = □
□ − □ = □

09 33 48 81

□ + □ = □
□ + □ = □
□ − □ = □
□ − □ = □

세 수로 덧셈식, 뺄셈식을 2개씩 만들 수 있습니다. ? 가 될 수 있는 수 2개를 구하세요.

01  19 35 ?

?=

?=

02 64 18 ?

?=

?=

03 36 56 ?

?=

?=

04 72  15 ?

?=

?=

05 28 39 ?

?=

?=

06 73 44 ?

?=

?=

07 36 54 ?

?=

?=

08 68 48 ?

?=

?=

09 61 32 ?

?=

?=

10 55 18 ?

?=

?=

11 82 53 ?

?=

?=

12 38 59 ?

?=

?=

3 PART

덧셈식과 뺄셈식 바꾸어 만들기

22 A 덧셈식으로 다른 식 3개를 만들 수 있어요

덧셈식의 세 수로 1개의 덧셈식과 2개의 뺄셈식을 만들 수 있습니다.

24 | 8
32

$24+8=32$

앞에서 세 수로 4개의 식을 만들어 봤지?

식 1개로 다른 3개의 식을 만들 수 있어.

8 | 24
32

$8+24=32$

32
24 | 8

$32-24=8$

32
24 | 8

$32-8=24$

덧셈식을 보고 다른 덧셈식 1개와 뺄셈식 2개를 만들어 보세요.

01 $2+3=5$

$\square+\square=\square$

$\square-\square=\square$

$\square-\square=\square$

02 $5+2=7$

$\square+\square=\square$

$\square-\square=\square$

$\square-\square=\square$

03 $6+3=9$

$\square+\square=\square$

$\square-\square=\square$

$\square-\square=\square$

04 $7+8=15$

$\square+\square=\square$

$\square-\square=\square$

$\square-\square=\square$

05 $6+4=10$

$\square+\square=\square$

$\square-\square=\square$

$\square-\square=\square$

06 $9+7=16$

$\square+\square=\square$

$\square-\square=\square$

$\square-\square=\square$

덧셈식을 보고 다른 덧셈식 1개와 뺄셈식 2개를 만들어 보세요.

01 $19+45=64$

$\square+\square=\square$

$\square-\square=\square$

$\square-\square=\square$

02 $39+37=76$

$\square+\square=\square$

$\square-\square=\square$

$\square-\square=\square$

03 $65+15=80$

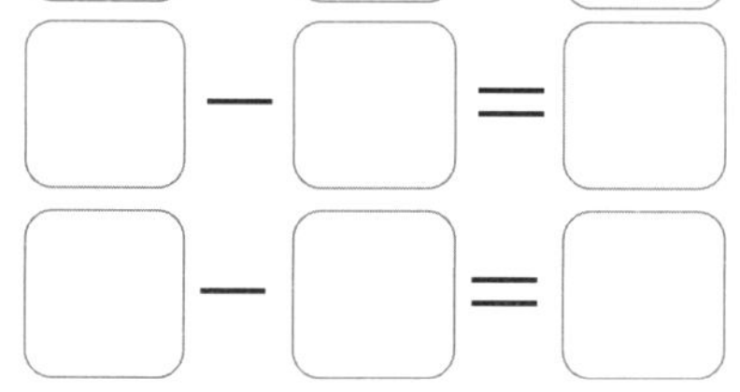

04 $48+34=82$

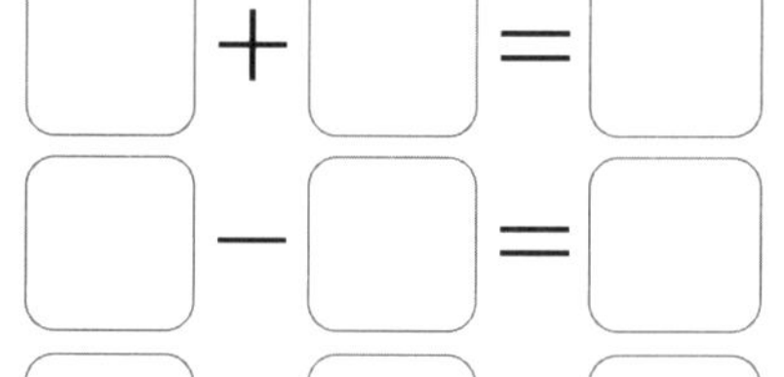

05 $51+14=65$

$\square+\square=\square$

$\square-\square=\square$

$\square-\square=\square$

06 $63+34=97$

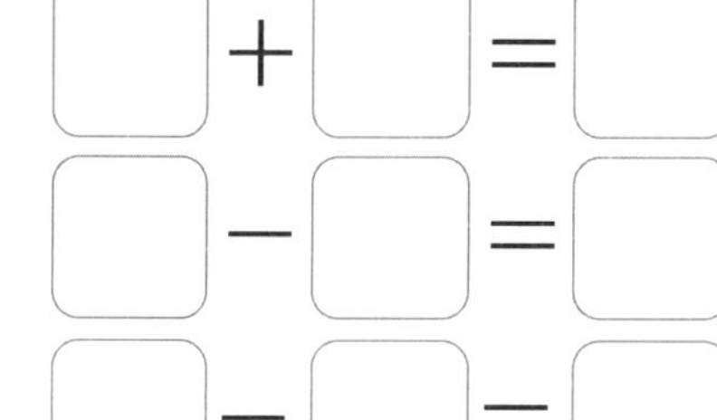

07 $39+22=61$

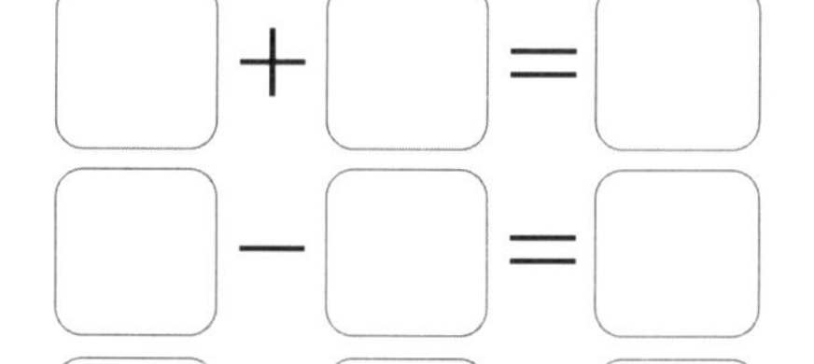

08 $24+48=72$

$\square+\square=\square$

$\square-\square=\square$

$\square-\square=\square$

09 $38+17=55$

$\square+\square=\square$

$\square-\square=\square$

$\square-\square=\square$

10 $51+46=97$

$\square+\square=\square$

$\square-\square=\square$

$\square-\square=\square$

11 $63+28=91$

$\square+\square=\square$

$\square-\square=\square$

$\square-\square=\square$

12 $34+49=83$

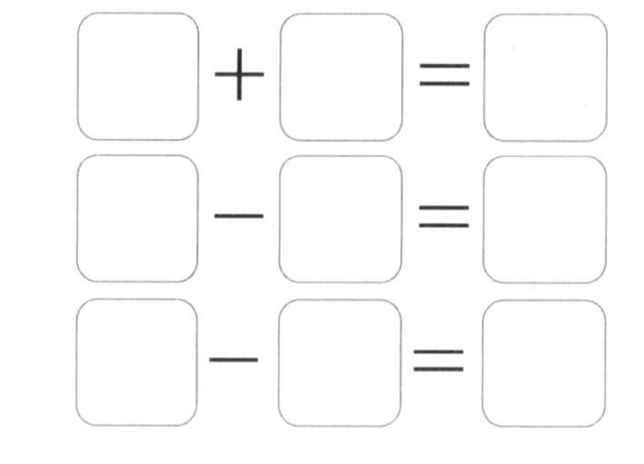

덧셈식과 뺄셈식 바꾸어 만들기

22 B 뺄셈식으로 다른 식 3개를 만들 수도 있어요

뺄셈식의 세 수로 1개의 뺄셈식과 2개의 덧셈식을 만들 수 있습니다.

$51-38=13$

$51-13=38$ $13+38=51$ $38+13=51$

뺄셈식을 보고 다른 뺄셈식 1개와 덧셈식 2개를 만들어 보세요.

01 $7-5=2$

$\square-\square=\square$
$\square+\square=\square$
$\square+\square=\square$

02 $9-3=6$

$\square-\square=\square$
$\square+\square=\square$
$\square+\square=\square$

03 $8-1=7$

$\square-\square=\square$
$\square+\square=\square$
$\square+\square=\square$

04 $14-8=6$

$\square-\square=\square$
$\square+\square=\square$
$\square+\square=\square$

05 $14-9=5$

$\square-\square=\square$
$\square+\square=\square$
$\square+\square=\square$

06 $11-8=3$

$\square-\square=\square$
$\square+\square=\square$
$\square+\square=\square$

공부한 날 : 월 일

뺄셈식을 보고 다른 뺄셈식 1개와 덧셈식 2개를 만들어 보세요.

01 $57-25=32$

□ − □ = □
□ + □ = □
□ + □ = □

02 $63-15=48$

□ − □ = □
□ + □ = □
□ + □ = □

03 $76-49=27$

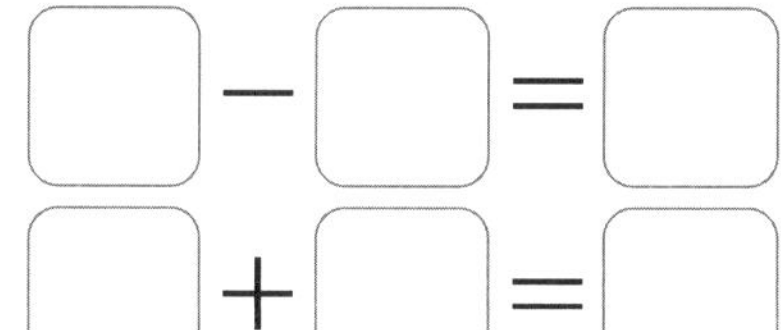

□ − □ = □
□ + □ = □
□ + □ = □

04 $96-42=54$

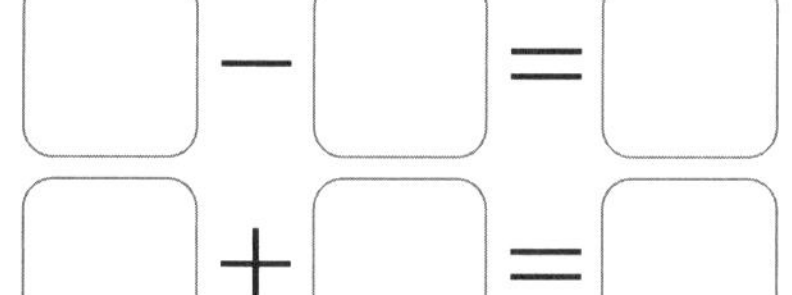

□ − □ = □
□ + □ = □
□ + □ = □

05 $61-25=36$

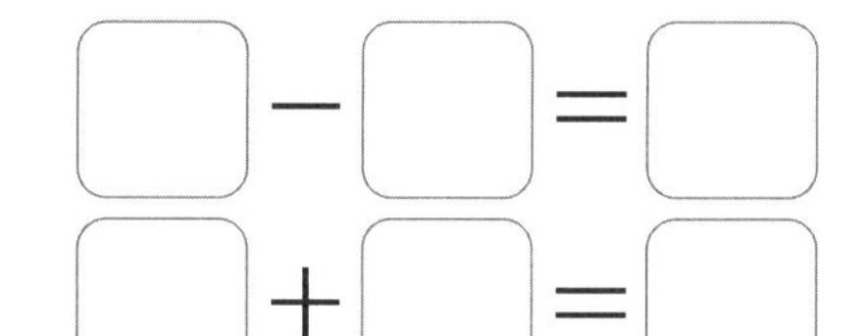

□ − □ = □
□ + □ = □
□ + □ = □

06 $57-19=38$

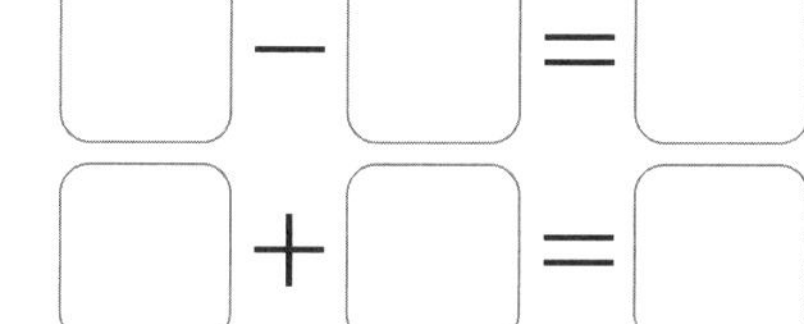

□ − □ = □
□ + □ = □
□ + □ = □

07 $75-39=36$

□ − □ = □
□ + □ = □
□ + □ = □

08 $94-16=78$

□ − □ = □
□ + □ = □
□ + □ = □

09 $72-37=35$

□ − □ = □
□ + □ = □
□ + □ = □

10 $86-15=71$

□ − □ = □
□ + □ = □
□ + □ = □

11 $56-19=37$

□ − □ = □
□ + □ = □
□ + □ = □

12 $90-31=59$

□ − □ = □
□ + □ = □
□ + □ = □

3 PART

(몇)+□

23 A □를 알 수 있는 식을 찾아요

모르는 수를 ?라고 할 때 ?가 포함된 식으로 다른 식을 만들 수 있습니다.

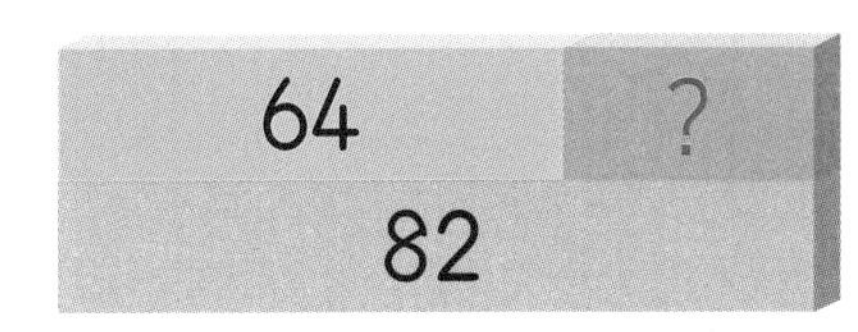

64+?=82

→ ?+64=82   82−64=?   82−?=64

세 식 중에서 ?를 구할 수 있는 식은 82−64=?입니다.

?=82−64=18

덧셈식을 ?를 구할 수 있는 식으로 바꾸고, ?를 구하세요.

01 9+?=16

? = □ − □ = □

02 ?+3=9

? = □ − □ = □

03 4+?=10

? = □ − □ = □

04 ?+6=15

? = □ − □ = □

05 27+?=39

? = □ − □ = □

06 ?+15=43

? = □ − □ = □

07 28+?=51

? = □ − □ = □

08 ?+36=62

? = □ − □ = □

□ 안에 알맞은 수를 써넣으세요.

01 $9+\square=16$

02 $\square+2=3$

03 $4+\square=9$

04 $\square+4=10$

05 $3+\square=6$

06 $\square+8=17$

07 $8+\square=15$

08 $\square+5=13$

09 $7+\square=12$

10 $\square+19=24$

11 $18+\square=31$

12 $\square+22=50$

13 $47+\square=63$

14 $\square+10=36$

15 $29+\square=54$

16 $\square+17=41$

17 $44+\square=62$

18 $\square+14=60$

19 $44+\square=63$

20 $\square+31=72$

21 $34+\square=68$

23 B

(몇)+□

수막대에서 □를 구해요

□ 안에 알맞은 수를 써넣으세요.

01
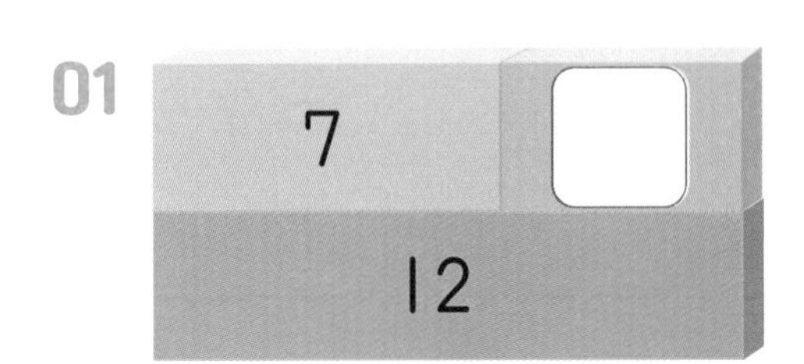

02

03

04

05

06

07

08

09
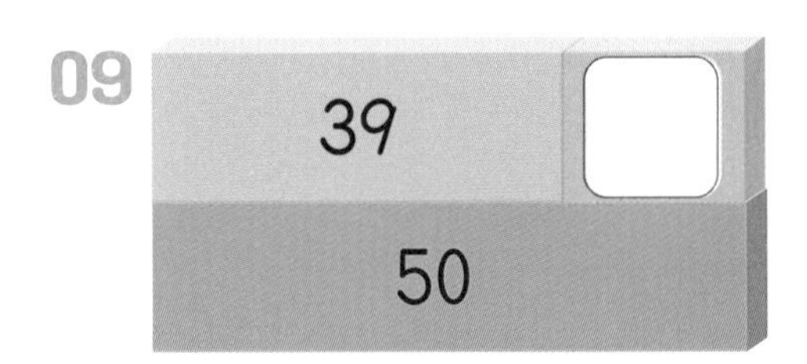

10
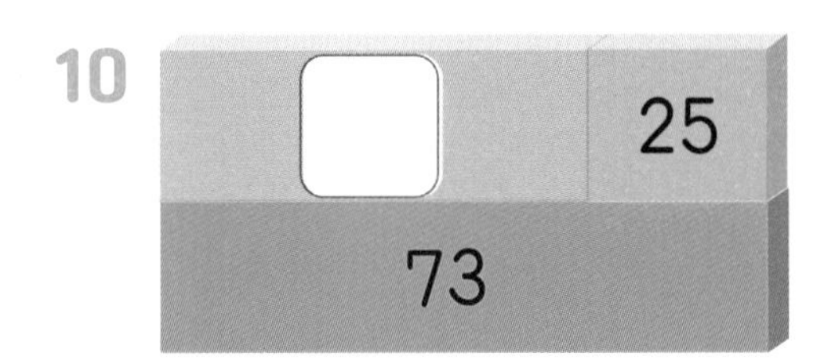

11

12

□ 안에 알맞은 수를 써넣으세요.

01 □+5=7

02 3+□=8

03 □+6=9

04 2+□=4

05 8+□=16

06 4+□=13

07 □+7=10

08 9+□=13

09 □+5=12

10 □+24=43

11 □+19=65

12 □+27=81

13 □+34=56

14 37+□=75

15 □+13=41

16 26+□=51

17 48+□=54

18 19+□=93

19 □+56=92

20 16+□=40

21 □+35=76

(몇)-□

24 A □를 알 수 있는 식을 찾아요

모르는 수를 ?라고 할 때 ?가 포함된 식으로 다른 식을 만들 수 있습니다.

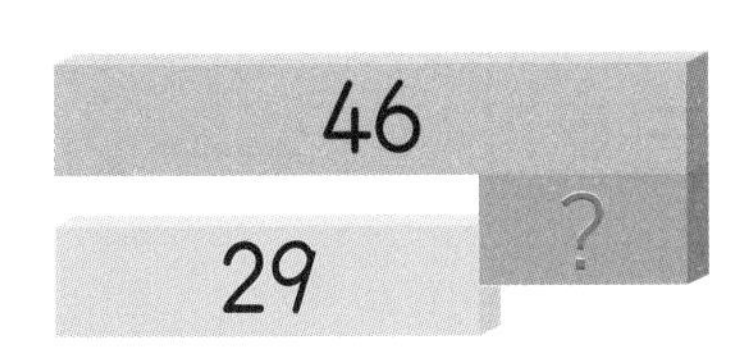

46－?＝29

→ 46－29＝?　29＋?＝46　?＋29＝46

세 식 중에서 ?를 구할 수 있는 식은 46－29＝?입니다.

?＝46－29＝17

빼셈식을 ?를 구할 수 있는 식으로 바꾸고, ?를 구하세요.

?와 나머지 두 수 중 어느 수가 가장 클까?

01 14－?＝6

? ＝ □ － □ ＝ □

02 9－?＝7

? ＝ □ － □ ＝ □

03 11－?＝5

? ＝ □ － □ ＝ □

04 13－?＝4

? ＝ □ － □ ＝ □

05 52－?＝17

? ＝ □ － □ ＝ □

06 43－?＝26

? ＝ □ － □ ＝ □

07 35－?＝19

? ＝ □ － □ ＝ □

08 69－?＝28

? ＝ □ － □ ＝ □

□ 안에 알맞은 수를 써넣으세요.

01 13 − □ = 8

02 8 − □ = 2

03 17 − □ = 9

04 7 − □ = 5

05 13 − □ = 6

06 10 − □ = 9

07 9 − □ = 4

08 15 − □ = 6

09 11 − □ = 8

10 92 − □ = 48

11 80 − □ = 16

12 75 − □ = 47

13 36 − □ = 27

14 77 − □ = 34

15 41 − □ = 24

16 94 − □ = 34

17 53 − □ = 19

18 60 − □ = 33

19 65 − □ = 43

20 85 − □ = 39

21 48 − □ = 9

24 B (몇)-□
수직선에서 □를 구해요

□ 안에 알맞은 수를 써넣으세요.

01
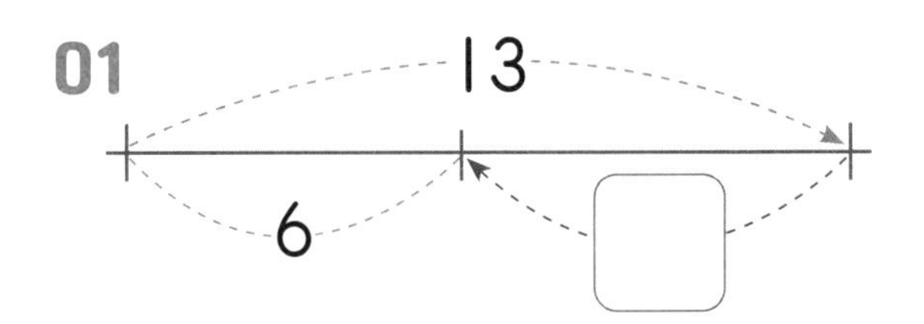

02
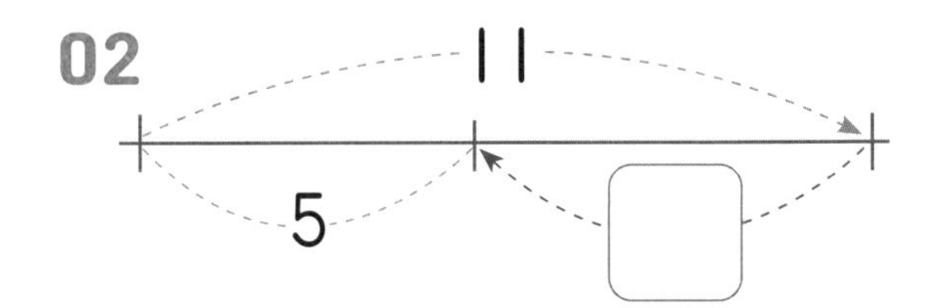

03
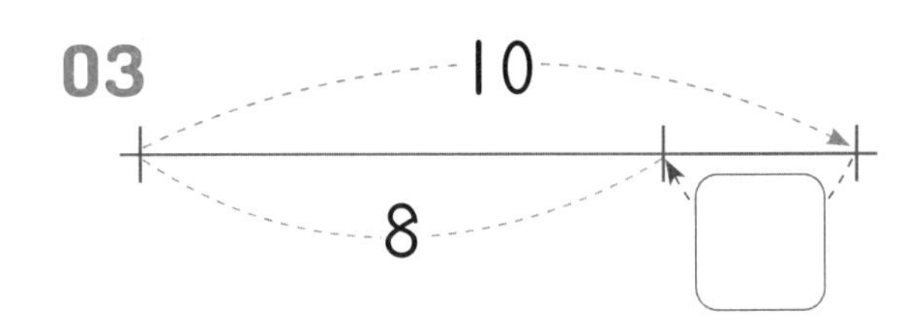

04
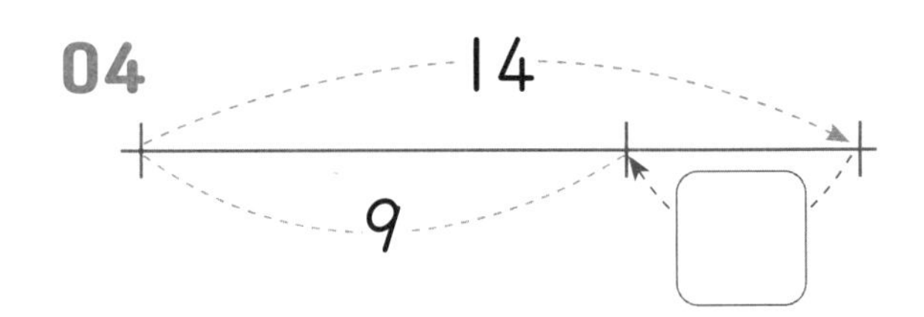

05
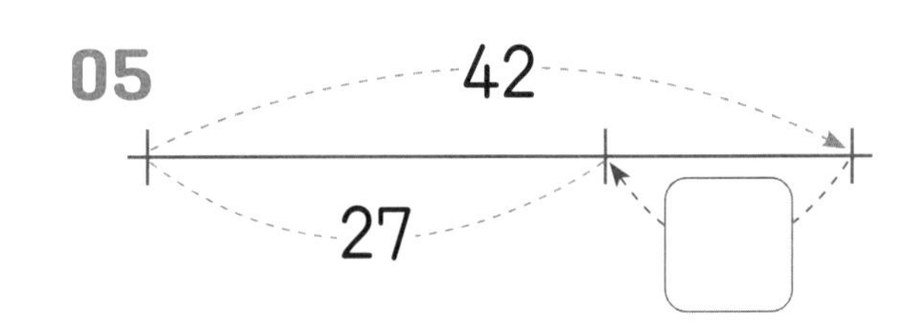

06
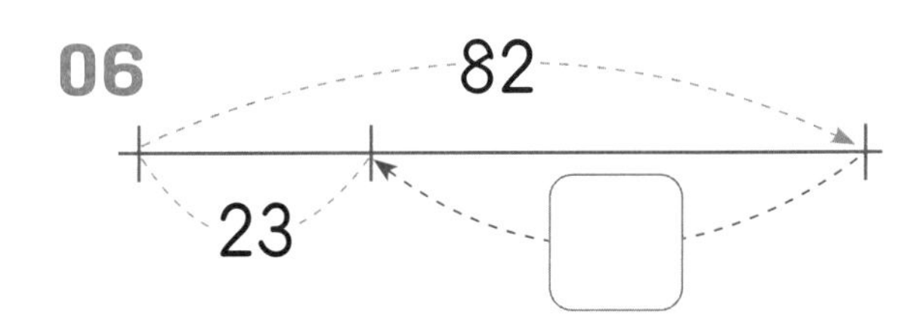

07
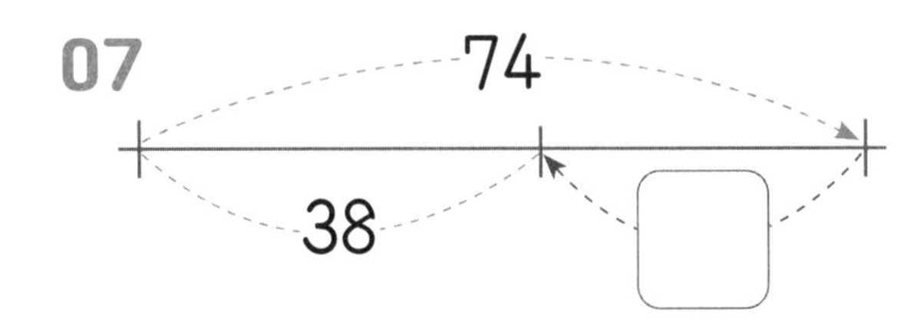

08
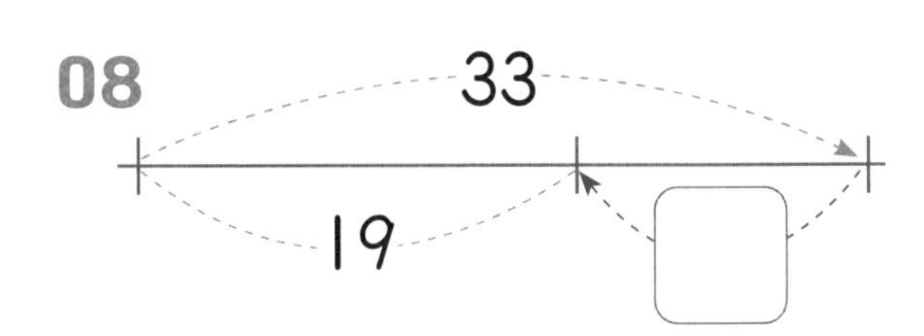

09
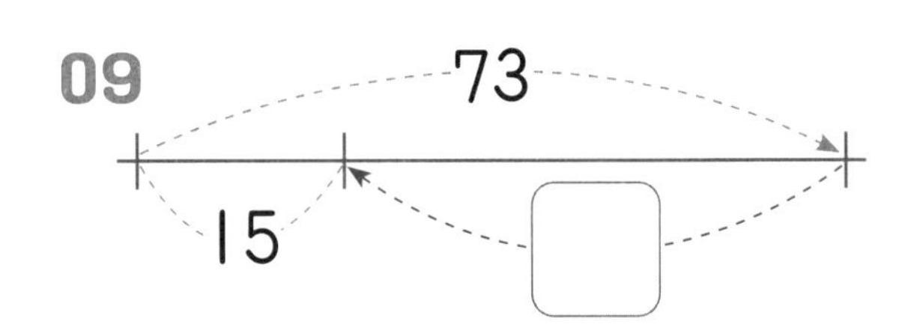

10
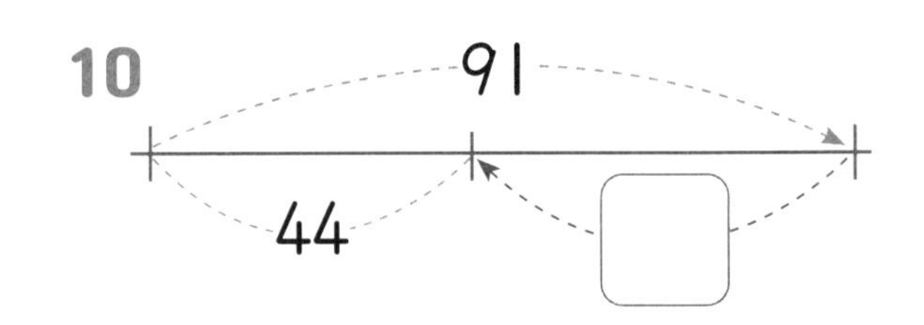

11
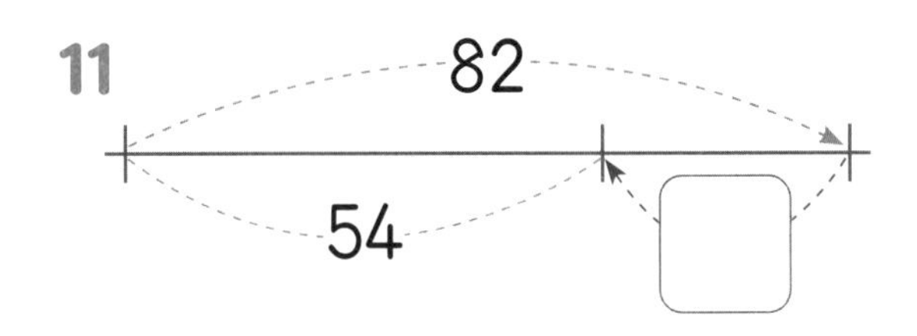

12
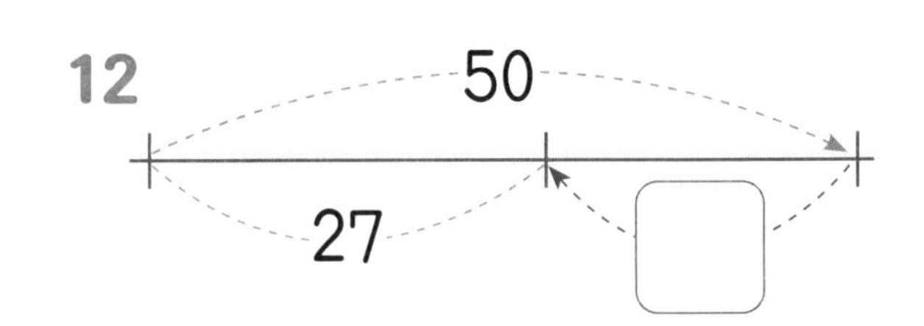

공부한 날 : 월 일

□ 안에 알맞은 수를 써넣으세요.

01 $9-\square=2$

02 $6-\square=4$

03 $12-\square=9$

04 $13-\square=7$

05 $16-\square=9$

06 $9-\square=8$

07 $5-\square=1$

08 $14-\square=6$

09 $14-\square=9$

10 $45-\square=18$

11 $60-\square=21$

12 $95-\square=29$

13 $74-\square=15$

14 $32-\square=26$

15 $47-\square=25$

16 $85-\square=39$

17 $70-\square=53$

18 $31-\square=18$

19 $58-\square=23$

20 $69-\square=11$

21 $62-\square=17$

3 PART

□-(몇)

25 A □를 알 수 있는 식을 찾아요

모르는 수를 ?라고 할 때 ?가 포함된 식으로 다른 식을 만들 수 있습니다.

→ ?−33=19 33+19=? 19+33=?

세 식 중에서 ?를 구할 수 있는 식은 33+19=? 또는 19+33=?입니다.

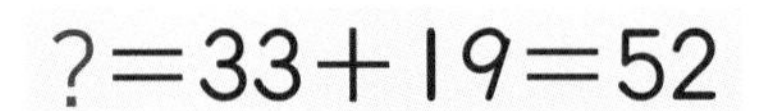

?를 구할 수 있는 덧셈식은 2개가 있어.

뺄셈식을 ?를 구할 수 있는 식으로 바꾸고, ?를 구하세요.

01 ?−8=5

? = □ + □ = □

02 ?−4=9

? = □ + □ = □

03 ?−6=3

? = □ + □ = □

04 ?−9=7

? = □ + □ = □

05 ?−24=39

? = □ + □ = □

06 ?−15=18

? = □ + □ = □

07 ?−17=43

? = □ + □ = □

08 ?−29=25

? = □ + □ = □

□ 안에 알맞은 수를 써넣으세요.

01 $\square - 4 = 8$　02 $\square - 2 = 9$　03 $\square - 6 = 9$

04 $\square - 8 = 9$　05 $\square - 5 = 8$　06 $\square - 3 = 6$

07 $\square - 7 = 3$　08 $\square - 9 = 5$　09 $\square - 6 = 2$

10 $\square - 14 = 17$　11 $\square - 65 = 19$　12 $\square - 53 = 8$

13 $\square - 54 = 36$　14 $\square - 16 = 38$　15 $\square - 25 = 44$

16 $\square - 29 = 27$　17 $\square - 38 = 55$　18 $\square - 17 = 45$

19 $\square - 33 = 14$　20 $\square - 18 = 69$　21 $\square - 47 = 24$

25 B □-(몇) 수직선에서 □를 구해요

□ 안에 알맞은 수를 써넣으세요.

01

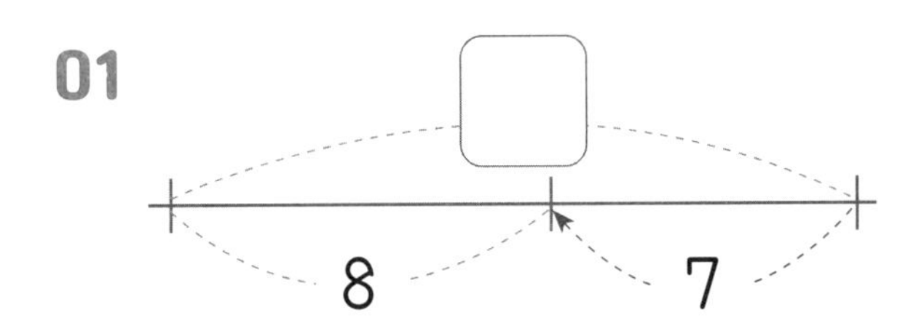

02

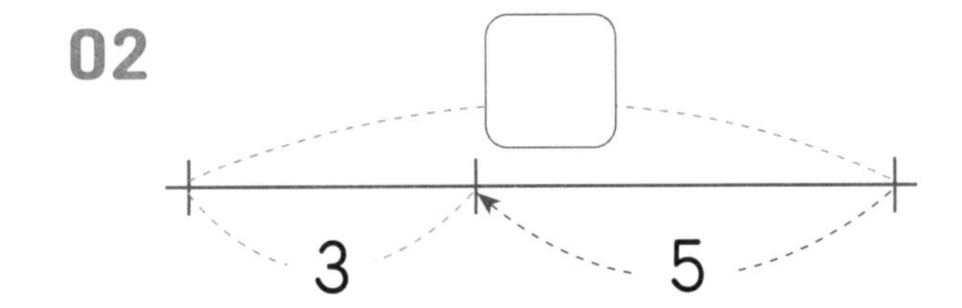

03

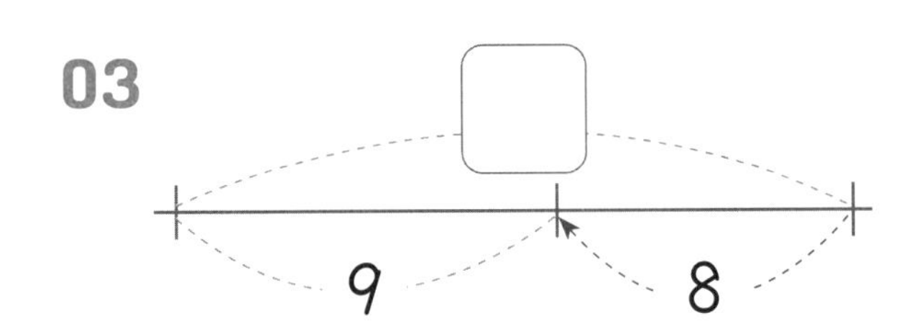

04

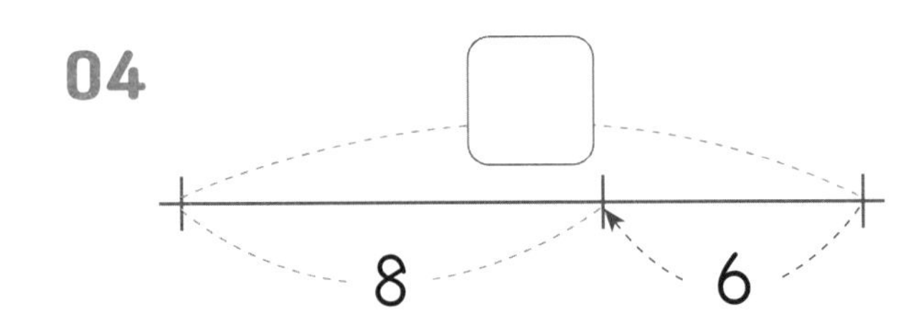

05

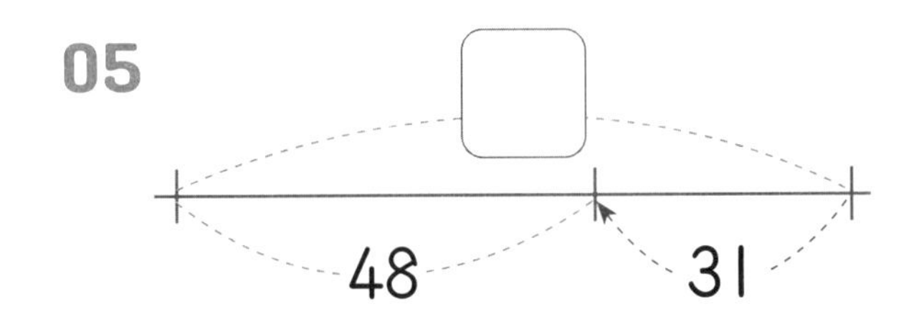

06

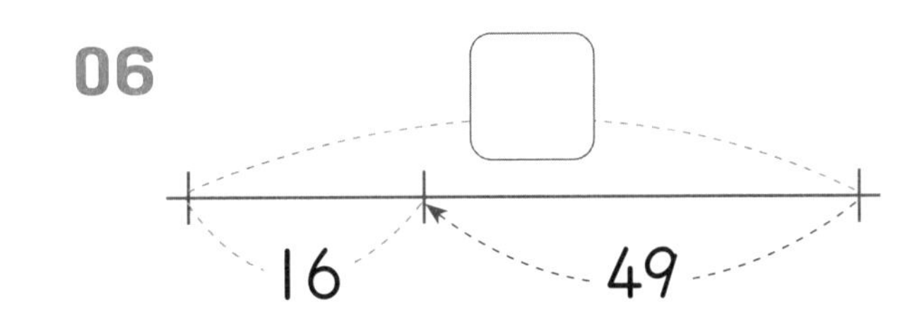

07

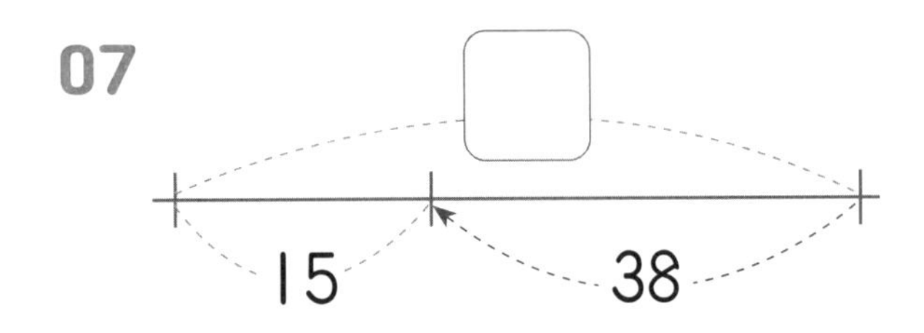

08

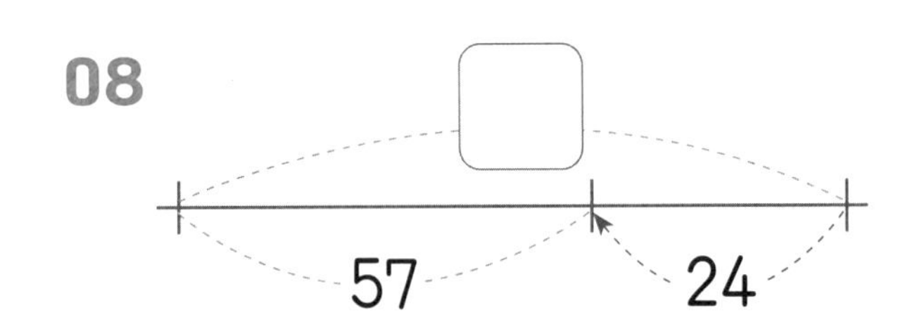

09

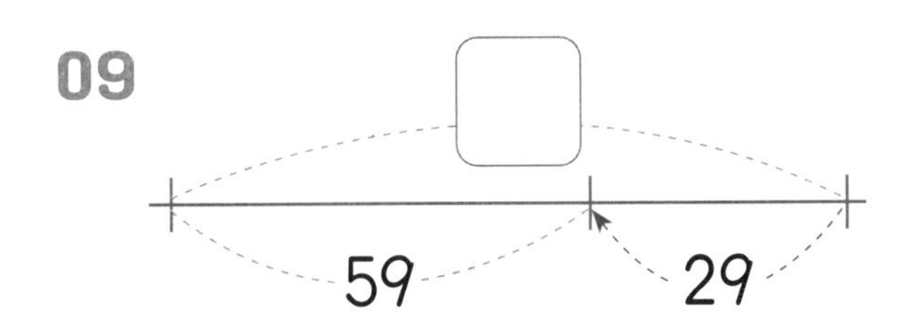

10

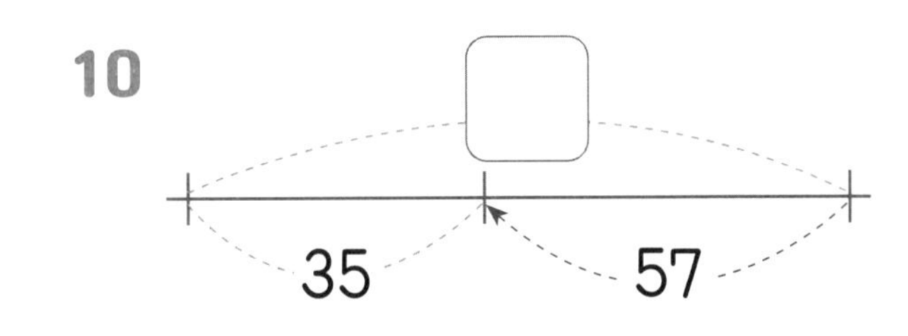

11

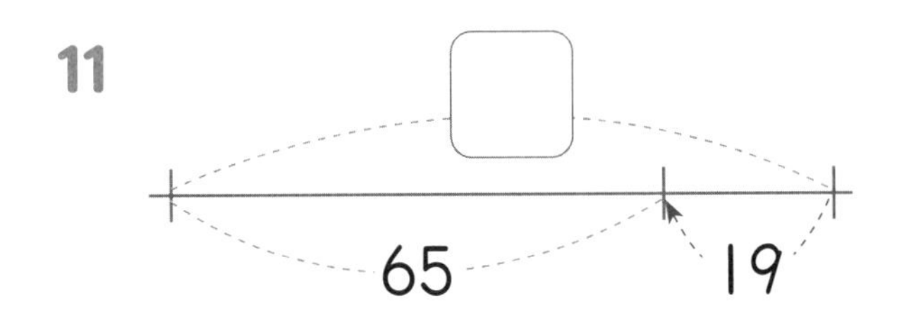

12

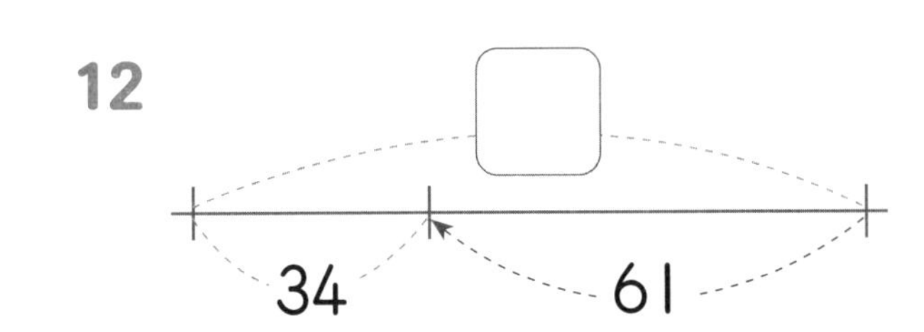

□ 안에 알맞은 수를 써넣으세요.

01 □−2=6

02 □−5=7

03 □−4=3

04 □−9=7

05 □−2=9

06 □−5=8

07 □−4=9

08 □−1=5

09 □−6=4

10 □−65=27

11 □−53=23

12 □−22=29

13 □−19=61

14 □−16=59

15 □−40=23

16 □−24=38

17 □−63=19

18 □−47=38

19 □−14=49

20 □−58=17

21 □−45=36

26 A □ 구하기를 연습해요

□ 안에 알맞은 수를 써넣으세요.

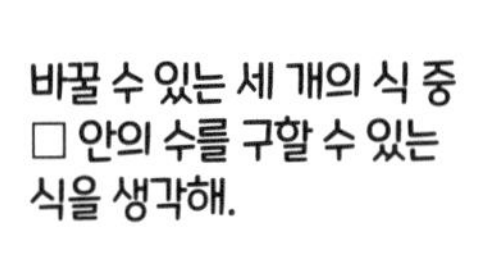

01 □+5=7

02 □−2=8

03 7+□=16

04 13−□=4

05 □+6=12

06 □−6=7

07 □+7=11

08 4+□=9

09 16−□=9

10 □+17=45

11 32+□=68

12 52−□=27

13 □−13=45

14 □+38=80

15 70−□=39

16 93−□=27

17 17+□=65

18 □−31=39

19 □−29=47

20 □+16=51

21 14+□=83

□ 안에 알맞은 수를 써넣으세요.

01 $8-\square=7$

02 $\square+4=9$

03 $\square-9=7$

04 $\square-3=5$

05 $3+\square=10$

06 $12-\square=3$

07 $\square+8=14$

08 $\square-5=8$

09 $6+\square=11$

10 $44+\square=67$

11 $\square+13=51$

12 $95-\square=47$

13 $\square+34=71$

14 $86-\square=19$

15 $\square-41=29$

16 $35-\square=16$

17 $\square-46=27$

18 $\square+77=83$

19 $35+\square=50$

20 $46+\square=73$

21 $\square-53=38$

이런 문제를 다루어요

01 덧셈식을 뺄셈식으로 나타내세요.

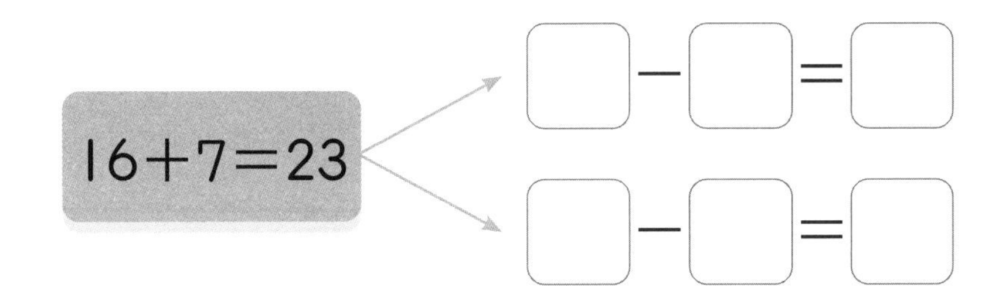

02 □ 안에 알맞은 수를 써넣으세요.

$\square + 42 = 65 \rightarrow 65 - \square = 23$

$53 - \square = 19 \rightarrow 19 + 34 = \square$

03 수 카드 [56], [19], [37] 3장을 사용하여 덧셈식과 뺄셈식을 하나씩 만드세요.

덧셈식 $\square + \square = \square$ 뺄셈식 $\square - \square = \square$

04 그림을 보고 □를 사용하여 알맞은 뺄셈식을 세우세요.

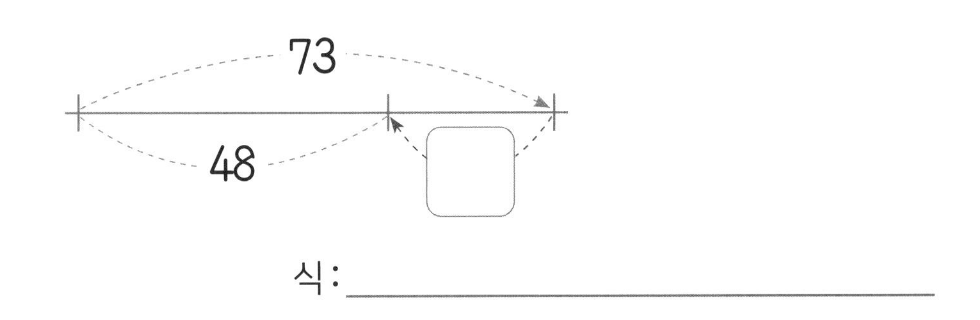

식 : ____________________

05 지수는 구슬을 15개 가지고 있었습니다. 그중에서 몇 개를 친구에게 주었더니 9개가 남았습니다. 친구에게 준 구슬의 개수는 몇 개인지 □를 사용하여 식을 만들고 답을 구하세요.

식 : ______________________ 답 : ______개

06 동주는 사과 46개를 땄습니다. 동주가 딴 사과는 현아가 딴 사과보다 19개 더 많다고 합니다. 현아가 딴 사과는 몇 개인지 □를 사용하여 식을 만들고 답을 구하세요.

식 : ______________________ 답 : ______개

07 32와 어떤 수의 합은 39입니다. 어떤 수를 □로 하여 식을 만들고 어떤 수를 구하세요.

식 : ______________________ 답 : ______

08 어떤 수에 17을 빼야 할 것을 잘못하여 더했더니 63이 되었습니다. 바르게 계산한 값을 구하세요.

답 : ______

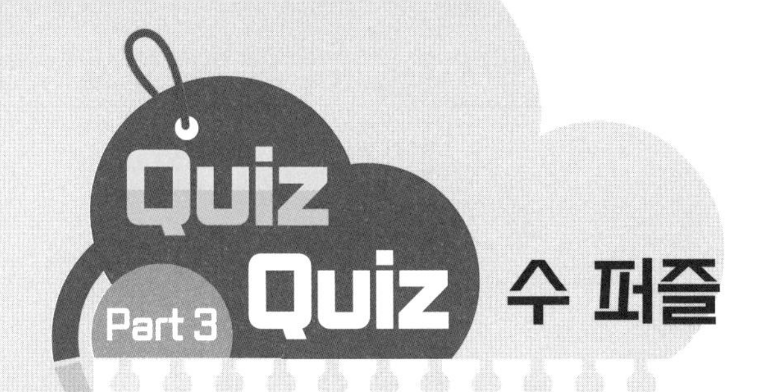

수 퍼즐

각 칸의 수가 바로 오른쪽 수보다 크고, 바로 아래의 수보다 크도록 1, 2, 3, 4를 써넣었습니다.

4	3
2	1

같은 규칙으로 1, 2, 3, 4, 5, 6, 7, 8, 9를 한 번씩 써넣으세요.

곱셈

차시별로 정답률을 확인하고, 성취도에 O표 하세요.

80% 이상 맞혔어요. 60%~80% 맞혔어요. 60% 이하 맞혔어요.

차시	단원	성취도
27	몇의 몇 배	
28	곱셈식으로 나타내기	
29	2개의 곱셈식으로 가르기	
30	곱셈식과 덧셈식으로 가르기	
31	곱셈값 구하기	
32	곱셈 종합 연습	

한 봉지 안에 빵이 4개씩 포장되어 있을 때 봉지의 수에 따른 빵의 개수를 곱셈으로 나타낼 수 있습니다.

A 몇의 몇 배를 세어요

2의 3배는 6입니다.

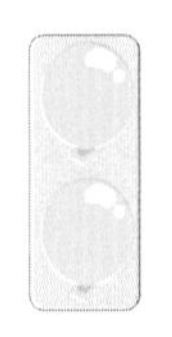

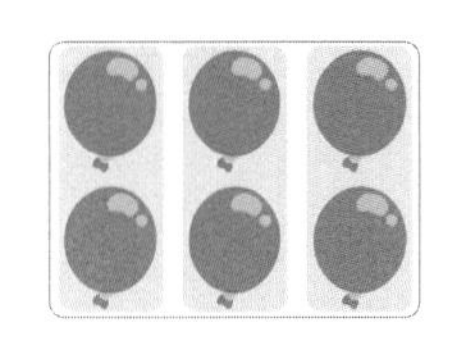

몇 배인지 알아볼 때는 몇 묶음을 만들 수 있는지 묶음의 수를 세어 봐.

그림을 보고 □ 안에 알맞은 수를 써넣으세요.

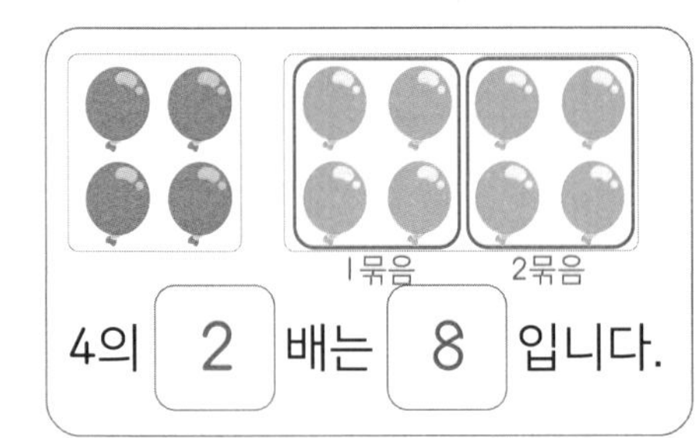

4의 2 배는 8 입니다.

01 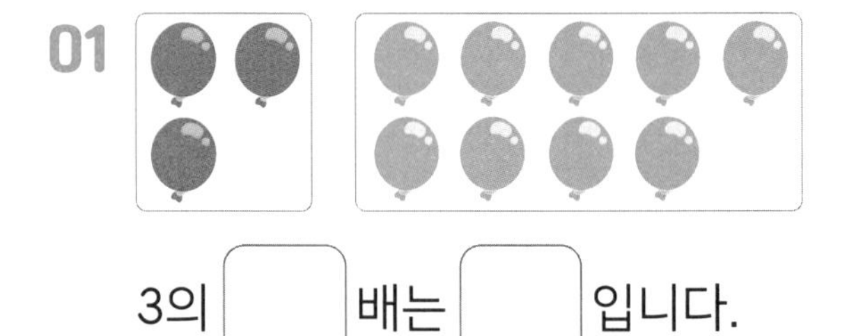

3의 □ 배는 □ 입니다.

02 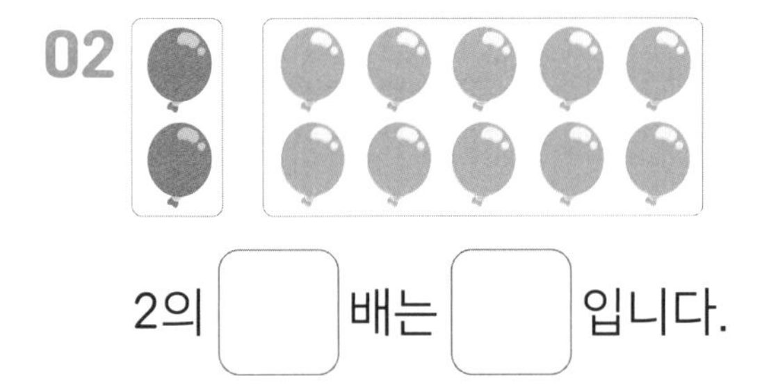

2의 □ 배는 □ 입니다.

03 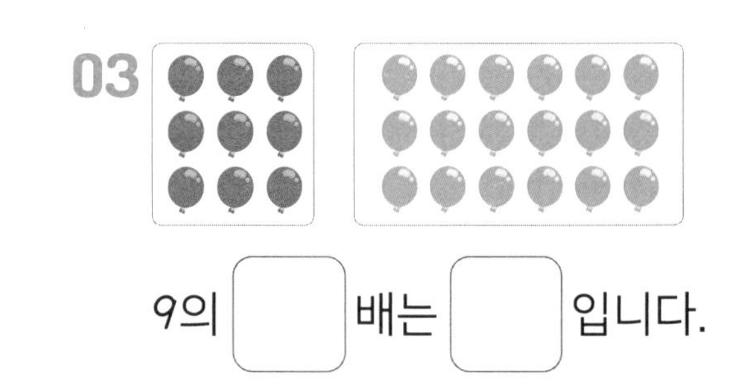

9의 □ 배는 □ 입니다.

04 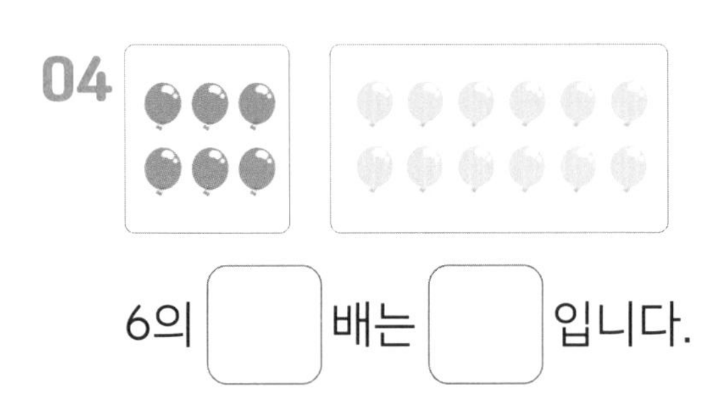

6의 □ 배는 □ 입니다.

05 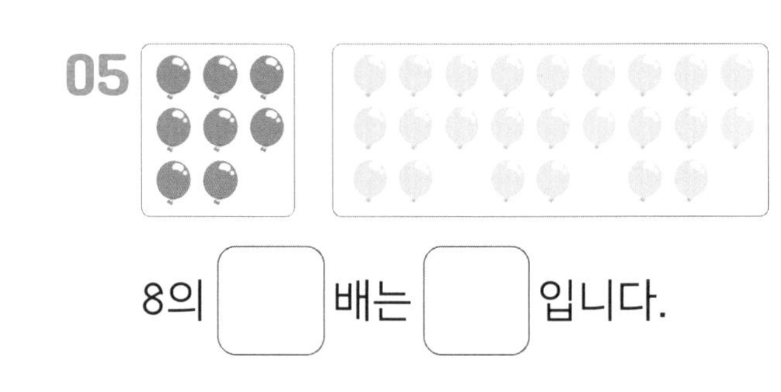

8의 □ 배는 □ 입니다.

06 

7의 □ 배는 □ 입니다.

07 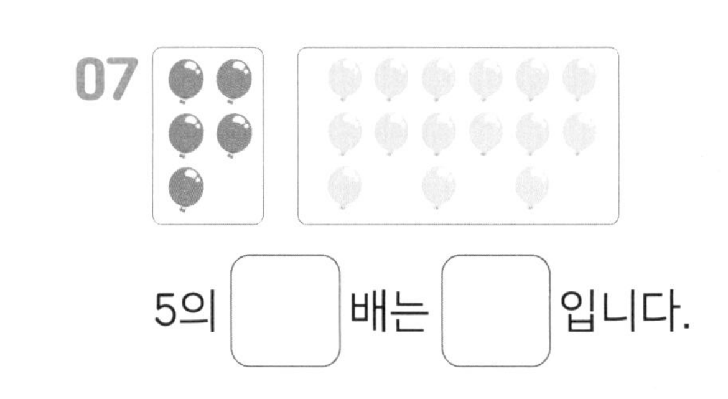

5의 □ 배는 □ 입니다.

2의 3배는 2+2+2=6입니다.

2의 3배는 2가 3묶음 있는 것이고,
2를 3번 더한 것과 같아.

덧셈식을 써서 몇 배를 구하세요.

4의 6배 → 4+4+4+4+4+4=24

01 5의 4배 → ______

02 3의 7배 → ______

03 7의 2배 → ______

04 8의 4배 → ______

05 5의 5배 → ______

06 4의 7배 → ______

07 6의 3배 → ______

08 3의 5배 → ______

09 9의 4배 → ______

4 PART

몇의 몇 배

27 B 몇 배를 뛰어세기로 알아봐요

몇의 몇 배를 뛰어세기로 나타낼 수 있습니다.

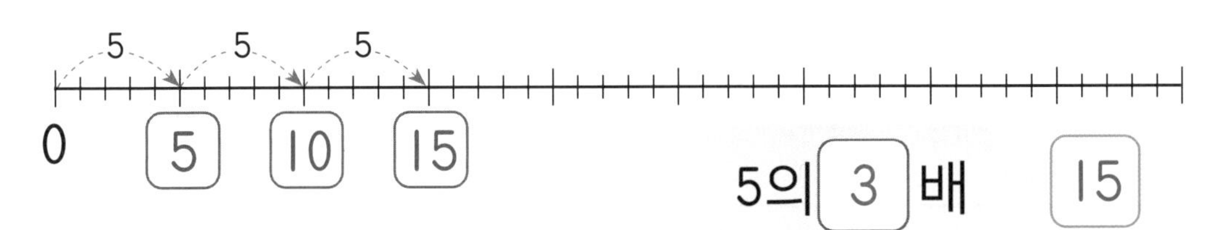

수직선을 보고 □ 안에 알맞은 수를 써넣으세요.

01

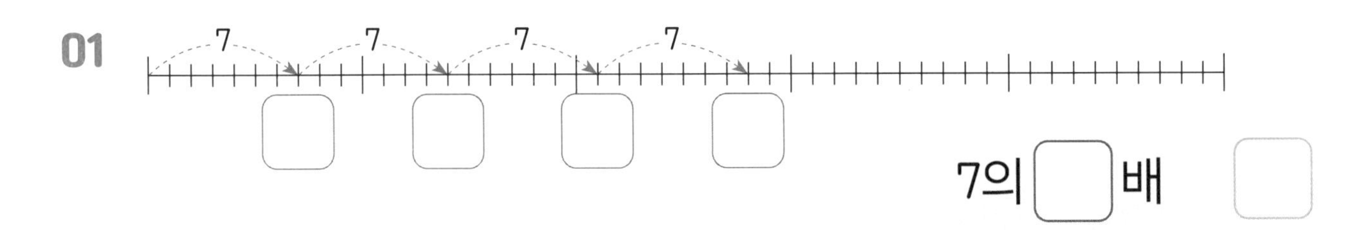

02

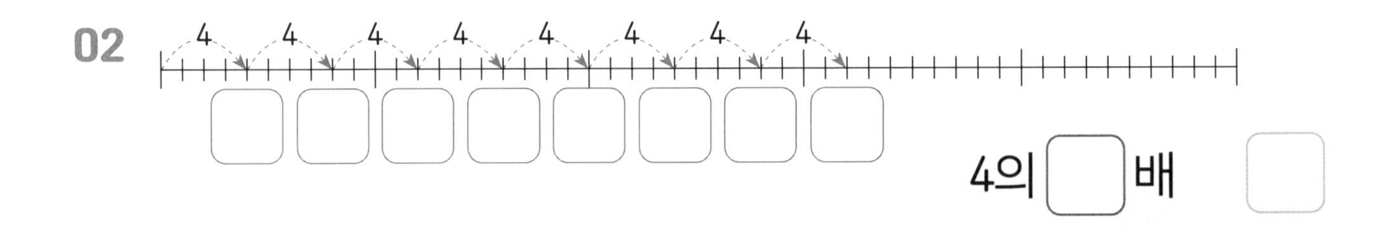

03

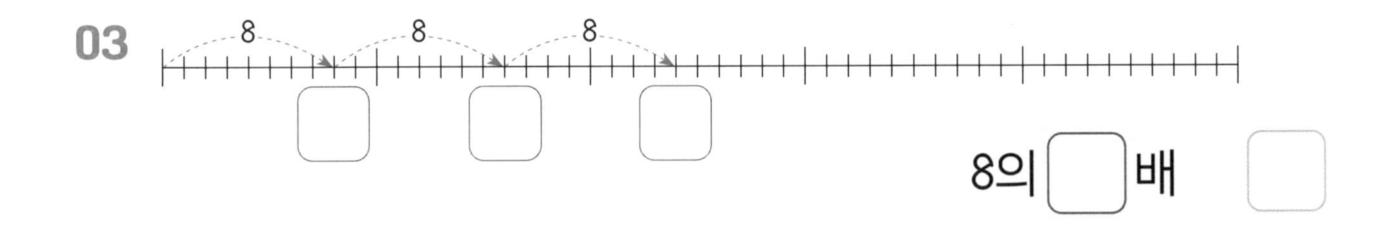

04

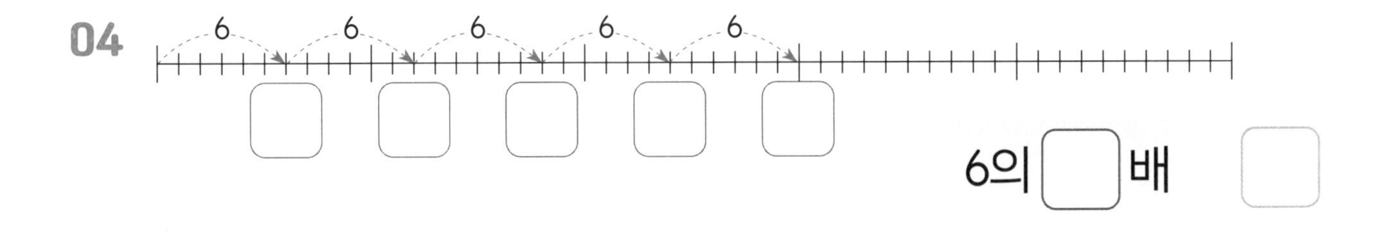

몇의 몇 배를 뛰어세기로 구하세요.

02 9의 4배 →

03 5의 4배 →

04 8의 5배 →

05 3의 5배 →

06 2의 5배 →

07 6의 6배 →

08 4의 6배 →

09 7의 7배 →

28 A

곱셈식으로 나타내기

곱셈식으로, 덧셈식으로 바꾸어요

○ 3의 6배를 3×6이라고 씁니다.

○ 3×6은 3 곱하기 6이라고 읽습니다.

○ 3의 6배는 $3+3+3+3+3+3=18$입니다. 이것을 $3\times6=18$이라고 씁니다.

□ 안에 알맞은 수를 써넣어 덧셈식을 곱셈식으로 바꾸어 나타내세요.

01 $5+5+5+5=20$

□ × □ = □

02 $9+9+9=27$

□ × □ = □

03 $2+2+2+2+2+2=12$

□ × □ = □

04 $4+4+4+4=16$

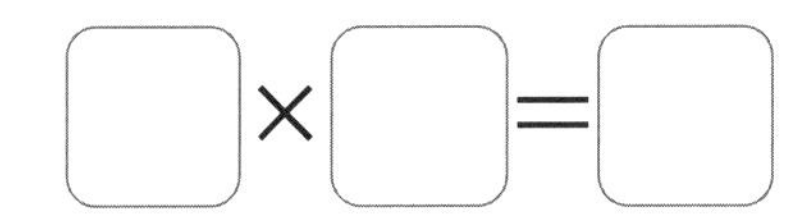

05 $6+6+6+6+6=30$

□ × □ = □

06 $3+3+3+3+3+3+3=21$

□ × □ = □

07 $7+7+7+7+7+7+7+7=56$

□ × □ = □

08 $8+8+8+8+8+8+8+8+8=72$

□ × □ = □

곱셈식을 덧셈식으로 바꾸어 계산하세요.

5×6 → 5+5+5+5+5+5=30

01 3×5 →

02 6×7 →

03 2×8 →

04 7×4 →

05 8×5 →

06 4×4 →

07 9×6 →

08 2×4 →

09 5×5 →

10 6×4 →

곱셈식으로 나타내기

28 B 곱셈의 순서가 바뀌어도 곱셈의 결과는 같아요

모두 몇 개인지 두 가지 곱셈식으로 나타내세요.

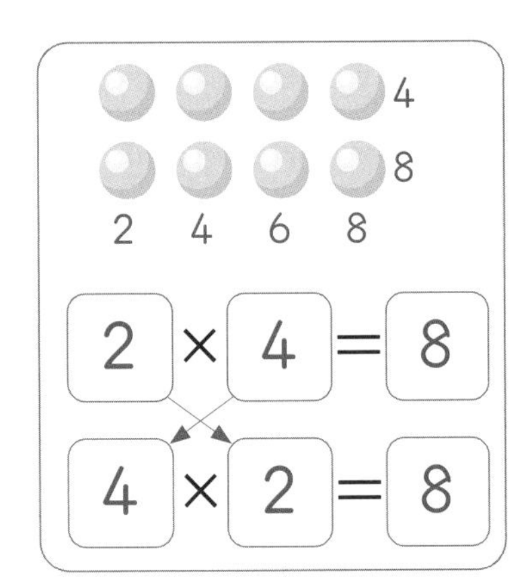

2의 4배는 2×4이고,
4의 2배는 4×2인데
둘의 결과는 같아!!

01

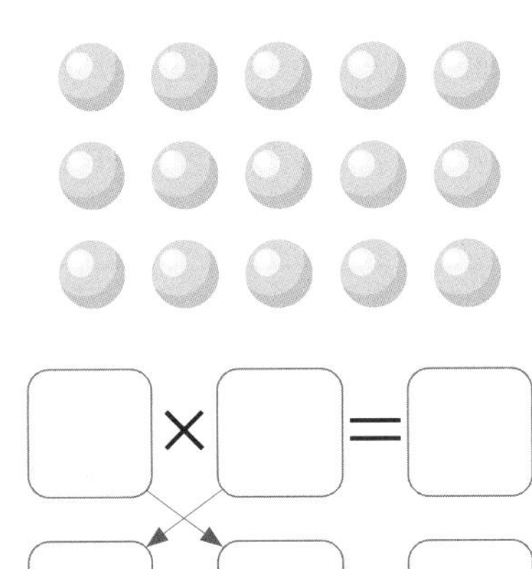

□ × □ = □

□ × □ = □

02

□ × □ = □

□ × □ = □

03

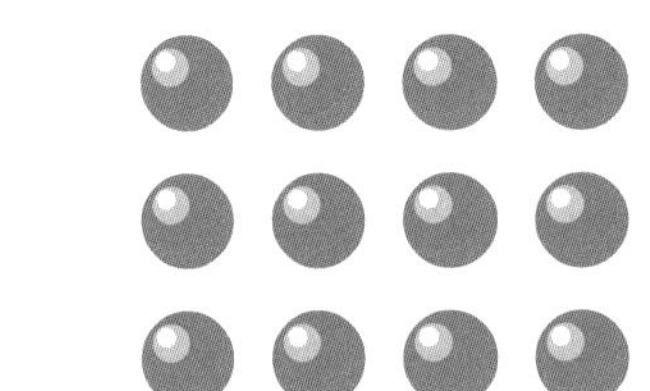

□ × □ = □

□ × □ = □

04

□ × □ = □

□ × □ = □

05

□ × □ = □

□ × □ = □

순서를 바꾼 곱셈식을 쓰고, 둘 중 더 쉬운 곱셈으로 곱셈을 계산하세요.

01

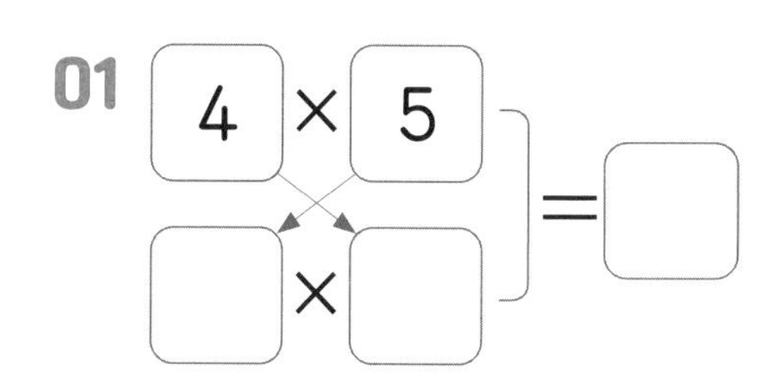

02 3 × 7 → □ × □ = □

03 6 × 9 → □ × □ = □

04 8 × 2 → □ × □ = □

05 5 × 6 → □ × □ = □

06 9 × 4 → □ × □ = □

07 2 × 5 → □ × □ = □

08 7 × 6 → □ × □ = □

09 3 × 5 → □ × □ = □

10 4 × 8 → □ × □ = □

29 A
2개의 곱셈식으로 가르기

몇 배를 둘로 갈라서 나타낼 수 있어요

3의 5배는 3의 1배와 4배, 3의 2배와 3배로 가를 수 있습니다.

$3+3+3+3+3$

3×5	
3×1	3×4

3×5	
3×2	3×3

3 5개는
3 1개와 4개,
3 2개와 3개로
가를 수 있지.

□ 안에 알맞은 수를 써넣어 곱셈식을 2개의 곱셈식으로 가르세요.

01 $4+4+4+4+4+4$

4×6	
4×2	$4\times$□

02 $7+7+7+7+7$

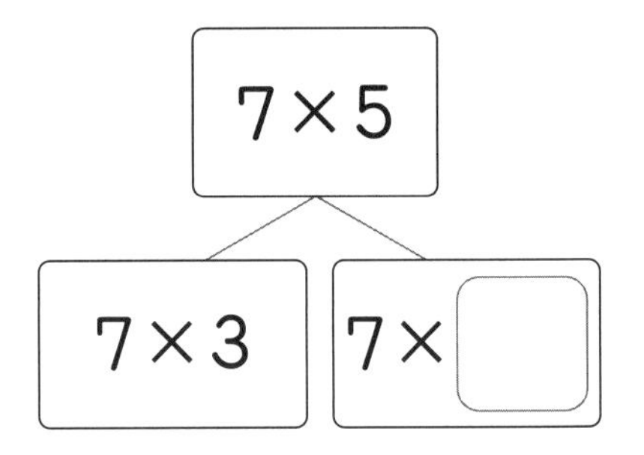

03 $2+2+2+2+2+2+2+2$

2×8	
2×3	$2\times$□

04 $6+6+6+6+6+6+6$

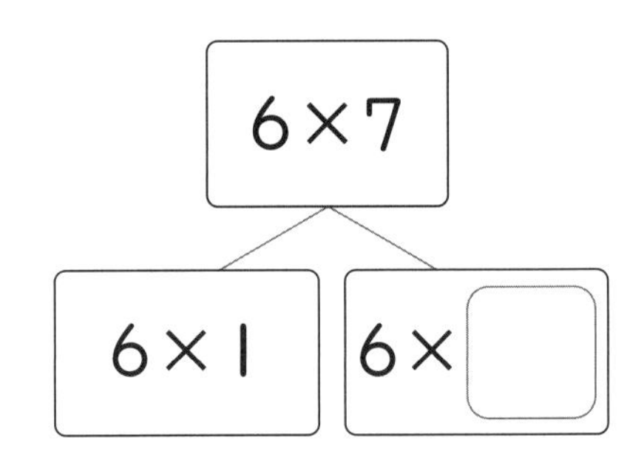

□ 안에 알맞은 수를 써넣어 곱셈식을 2개의 곱셈식으로 가르세요.

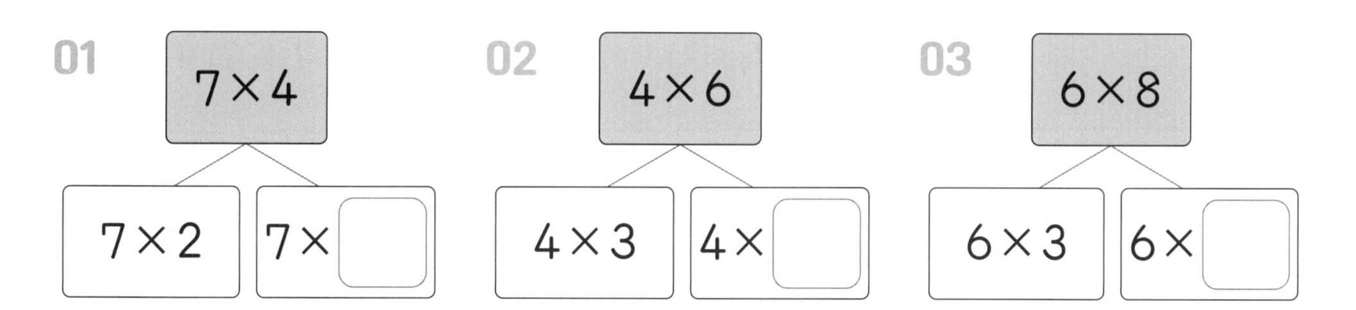

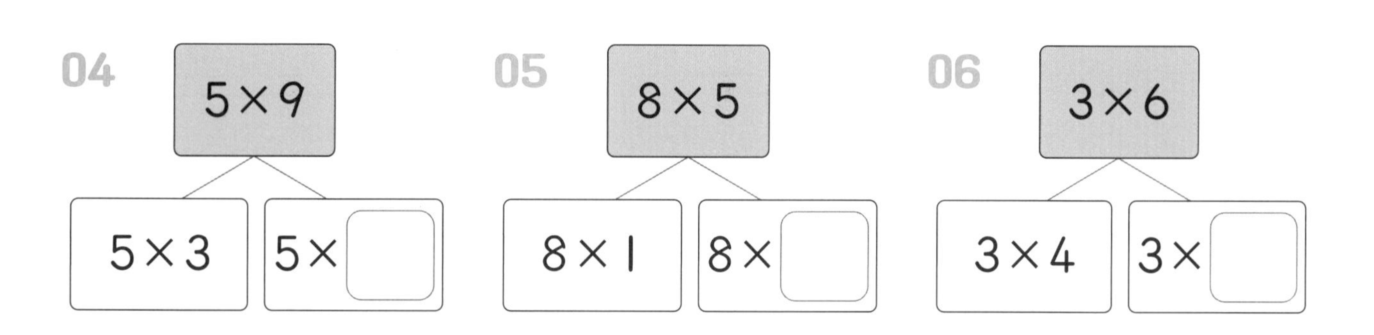

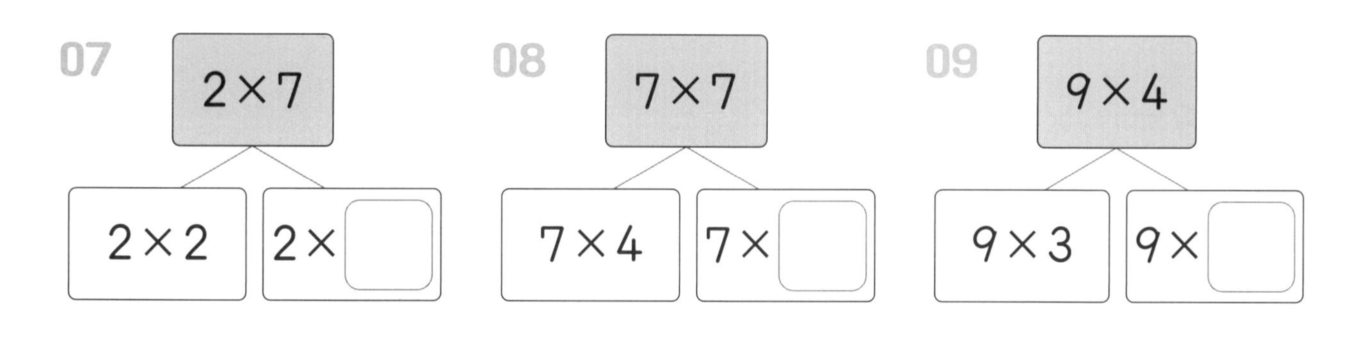

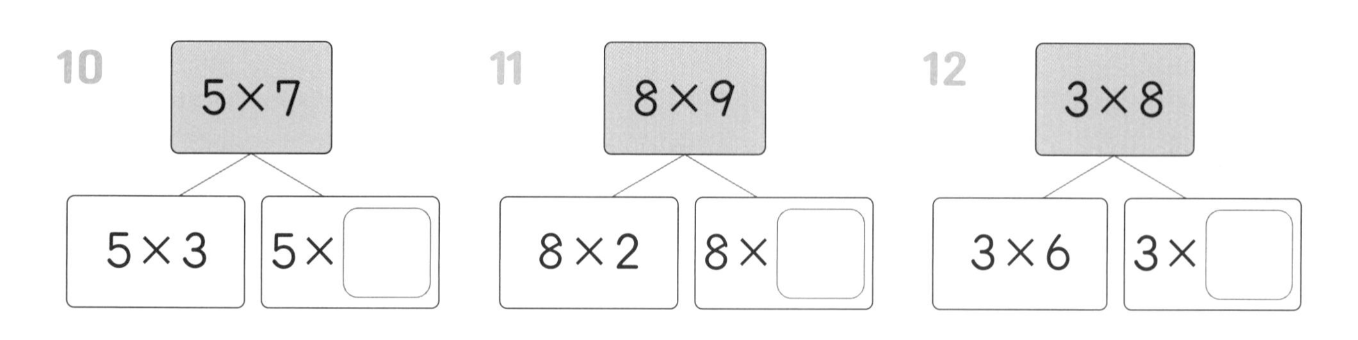

29 B 2개의 곱셈식으로 가르기
3의 6배는 3이 6개 더해져 있다는 뜻이에요

□ 안에 알맞은 수를 써넣으세요.

01 $3\times6=(3+3)+(3+3+3+3)$

$3\times6=(3\times2)+(3\times\square)$

02 $9\times5=(9+9+9)+(9+9)$

$9\times5=(9\times3)+(9\times\square)$

03 $4\times5=(4+4+4)+(4+4)$

$4\times5=(4\times3)+(4\times\square)$

04 $8\times4=(8+8)+(8+8)$

$8\times4=(8\times2)+(8\times\square)$

05 $8\times6=(8+8+8)+(8+8+8)$

$8\times6=(8\times3)+(8\times\square)$

06 $2\times4=(2+2+2)+(2)$

$2\times4=(2\times3)+(2\times\square)$

07 $6\times9=(6+6+6+6+6)+(6+6+6+6)$

$6\times9=(6\times\square)+(6\times\square)$

08 $5\times8=(5+5+5+5+5)+(5+5+5)$

$5\times8=(5\times\square)+(5\times\square)$

09 $7\times9=(7+7)+(7+7+7+7+7+7+7)$

$7\times9=(7\times\square)+(7\times\square)$

□ 안에 알맞은 수를 써넣으세요.

01 $7\times8=(7\times5)+(7\times\square)$

02 $4\times7=(4\times3)+(4\times\square)$

03 $8\times6=(8\times1)+(8\times\square)$

04 $6\times6=(6\times4)+(6\times\square)$

05 $5\times4=(5\times2)+(5\times\square)$

06 $3\times5=(3\times3)+(3\times\square)$

07 $2\times6=(2\times5)+(2\times\square)$

08 $9\times5=(9\times2)+(9\times\square)$

09 $7\times5=(7\times3)+(7\times\square)$

10 $3\times8=(3\times7)+(3\times\square)$

11 $6\times9=(6\times2)+(6\times\square)$

12 $5\times8=(5\times4)+(5\times\square)$

13 $8\times7=(8\times4)+(8\times\square)$

14 $2\times9=(2\times3)+(2\times\square)$

15 $4\times6=(4\times3)+(4\times\square)$

16 $9\times8=(9\times4)+(9\times\square)$

30 A 곱셈식을 곱셈식과 덧셈식으로 갈라요

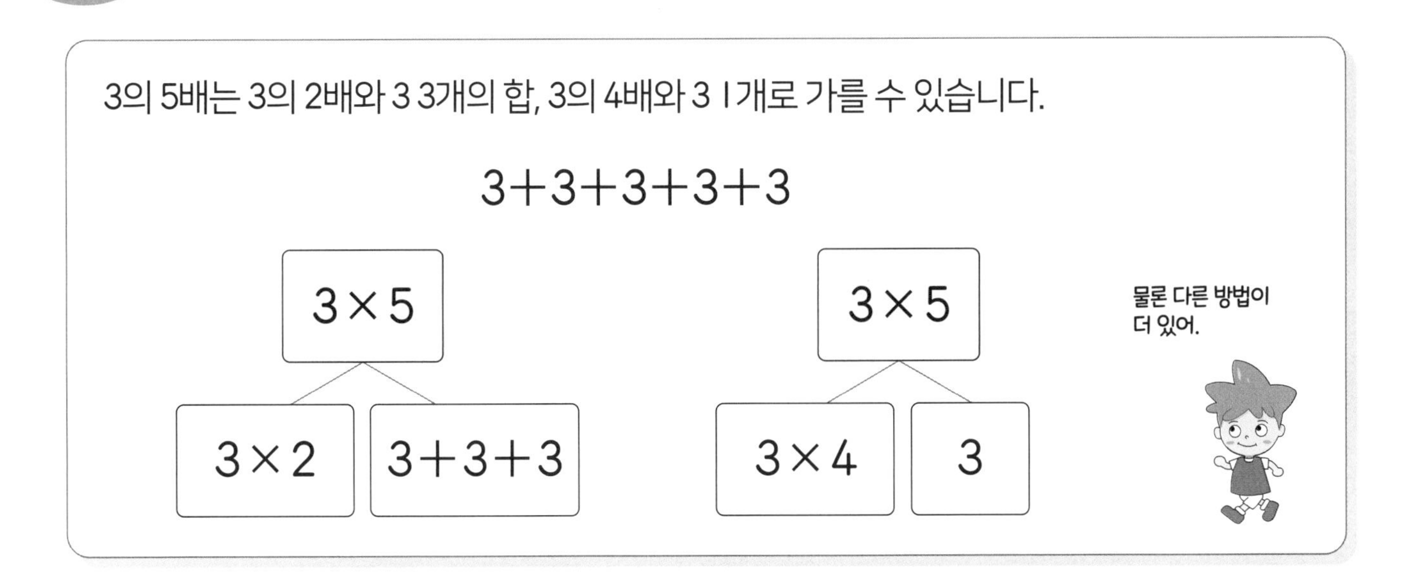

□ 안에 알맞은 수를 써넣어 곱셈식을 곱셈식과 덧셈식으로 가르세요.

01 $2+2+2+2+2+2$

2×6

2×□　　2+2

02 $7+7+7+7+7$

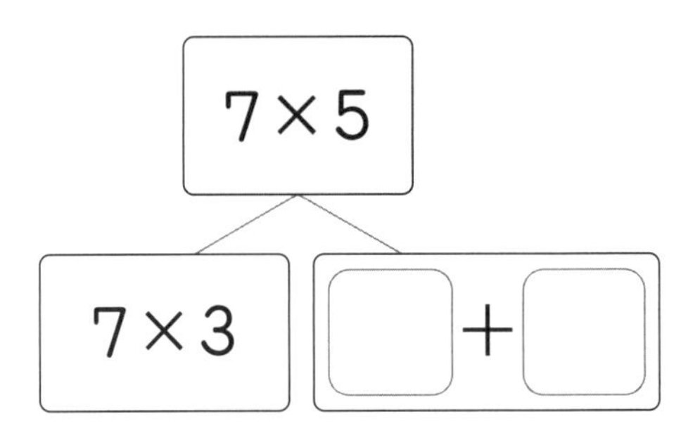

03 $3+3+3+3+3+3+3$

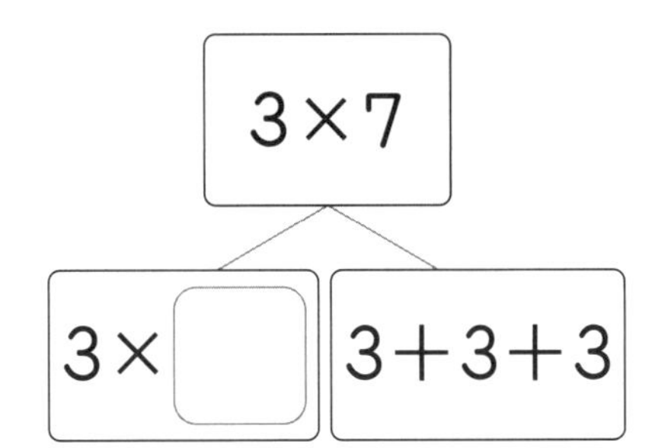

04 $6+6+6+6+6+6$

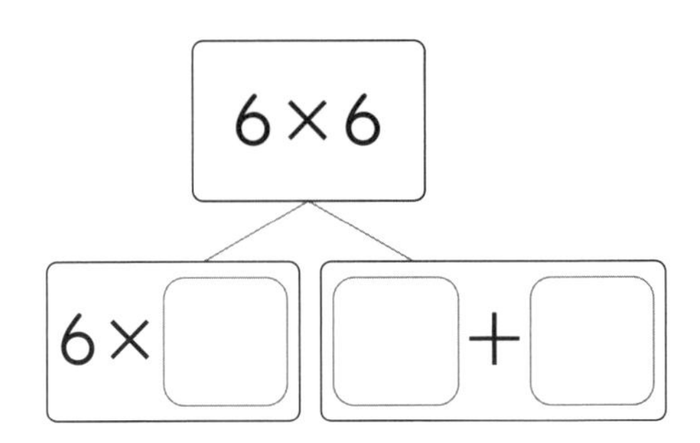

☐ 안에 알맞은 수를 써넣어 곱셈식을 곱셈식과 덧셈식으로 가르세요.

01
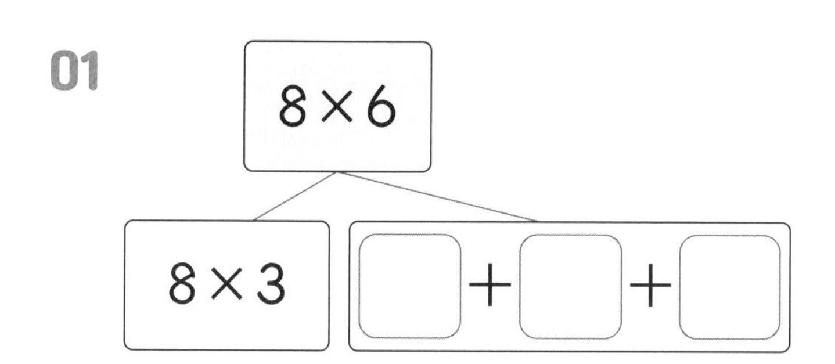

02
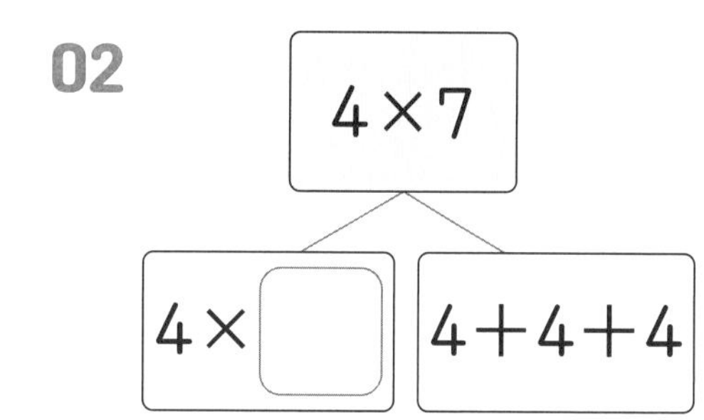

03
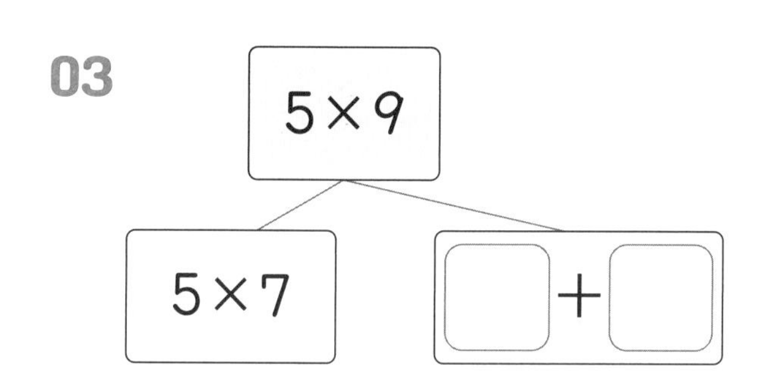

04
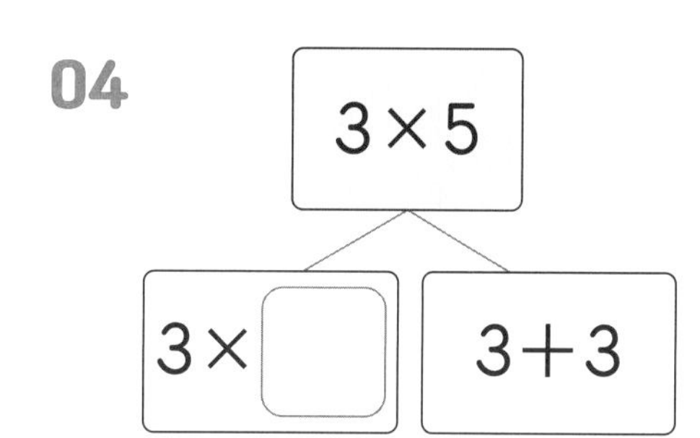

05
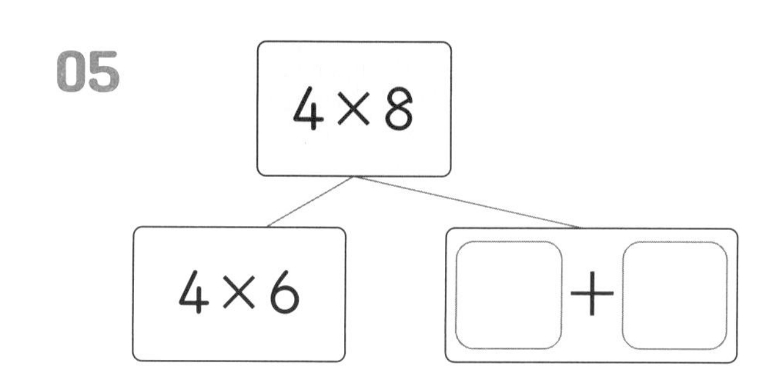

06
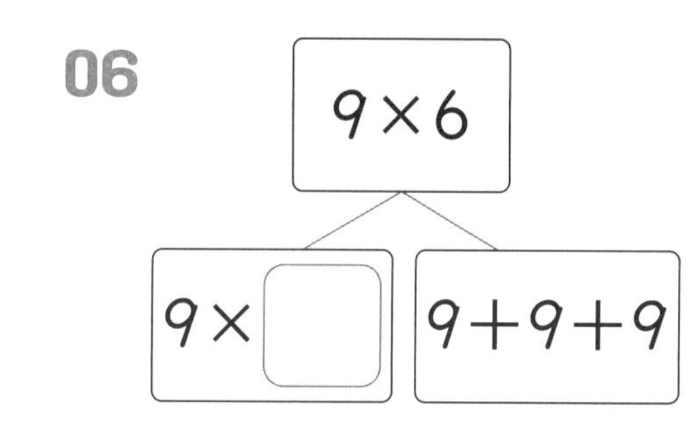

07
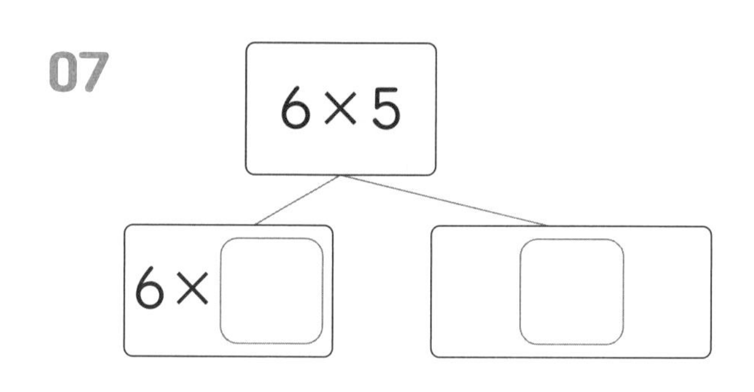

08
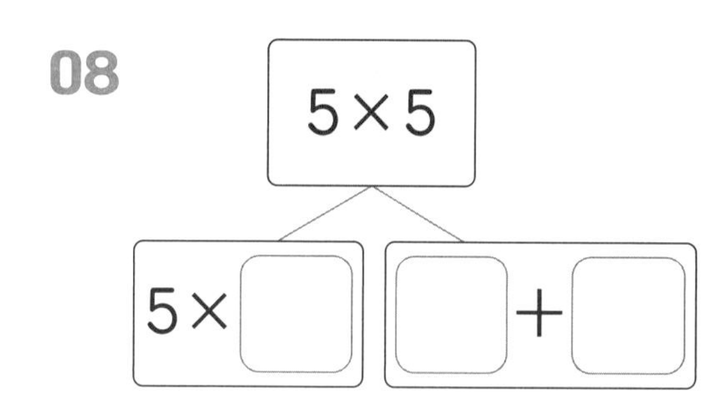

09
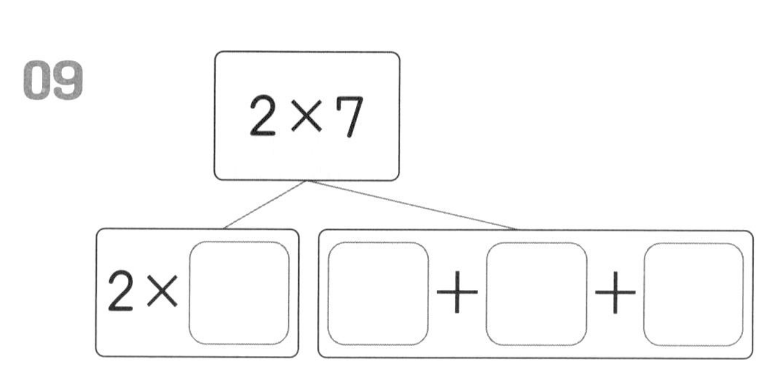

10
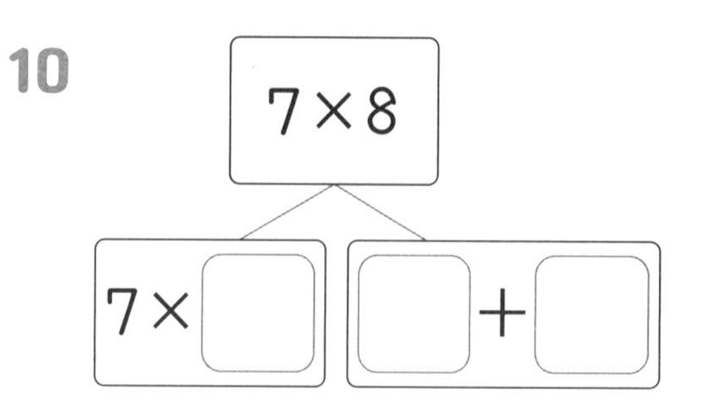

곱셈식과 덧셈식으로 가르기

30 B 4의 5배는 4가 5개 더해져 있다는 뜻이에요

□ 안에 알맞은 수를 써넣으세요.

01 $4\times5=(4+4+4)+4+4$

$4\times5=(4\times\square)+4+4$

02 $5\times5=(5+5+5+5)+5$

$5\times5=(5\times4)+\square$

03 $7\times6=(7+7+7+7)+7+7$

$7\times6=(7\times\square)+7+7$

04 $3\times4=(3+3)+3+3$

$3\times4=(3\times2)+\square+\square$

05 $6\times5=(6+6)+6+6+6$

$6\times5=(6\times\square)+6+6+6$

06 $8\times4=(8+8+8)+8$

$8\times4=(8\times3)+\square$

07 $2\times6=(2+2)+2+2+2+2$

$2\times6=(2\times\square)+2+2+2+2$

08 $7\times5=(7+7+7)+7+7$

$7\times5=(7\times3)+\square+\square$

09 $4\times8=(4+4+4+4+4)+4+4+4$

$4\times8=(4\times5)+\square+\square+\square$

10 $9\times9=(9+9+9+9+9+9)+9+9+9$

$9\times9=(9\times\square)+9+9+9$

□ 안에 알맞은 수를 써넣으세요.

01 $9\times4=(9\times\square)+9+9$

02 $3\times9=(3\times8)+\square$

03 $6\times8=(6\times6)+\square+\square$

04 $8\times6=(8\times\square)+8$

05 $5\times8=(5\times\square)+5+5$

06 $4\times6=(4\times5)+\square$

07 $5\times9=(5\times7)+\square+\square$

08 $6\times5=(6\times\square)+6$

09 $3\times4=(3\times\square)+3+3$

10 $7\times9=(7\times8)+\square$

11 $2\times8=(2\times\square)+2+2+2$

12 $4\times9=(4\times\square)+4+4$

13 $7\times7=(7\times3)+\square+\square+\square+\square$

14 $6\times9=(6\times4)+\square+\square+\square+\square+\square$

31 곱셈값 구하기

Ⓐ 같은 수를 둘씩 모아서 계산할 수 있어요

덧셈식을 둘씩 모으기하여 곱셈식의 값을 구하세요.

01
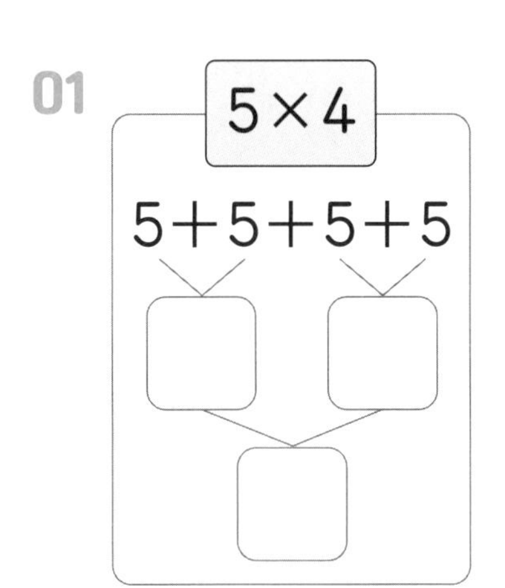

02
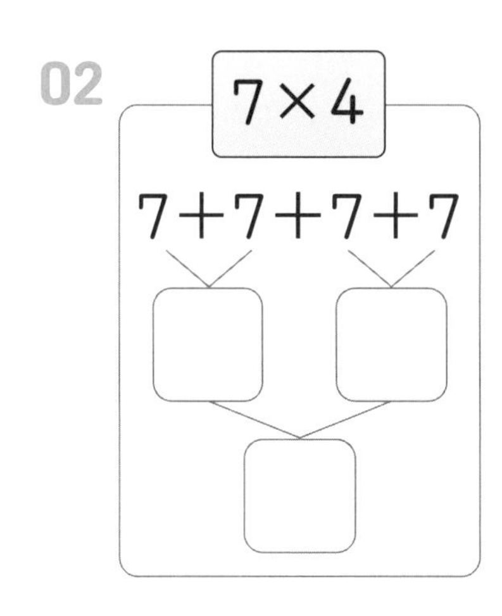

03
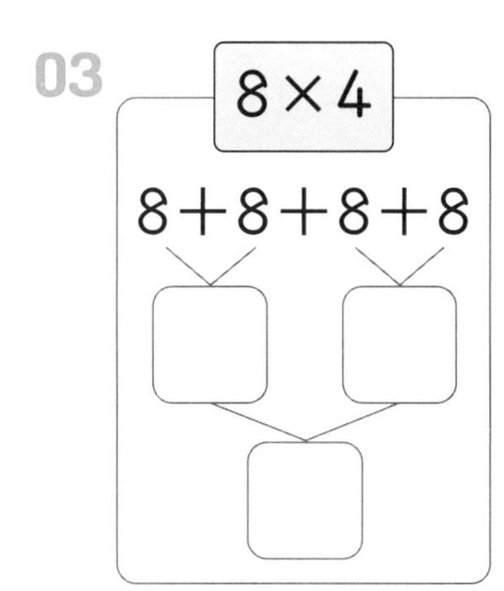

04
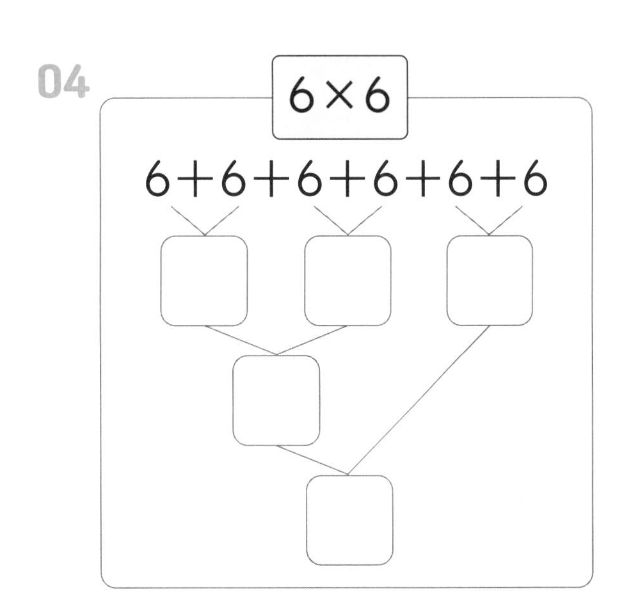

05
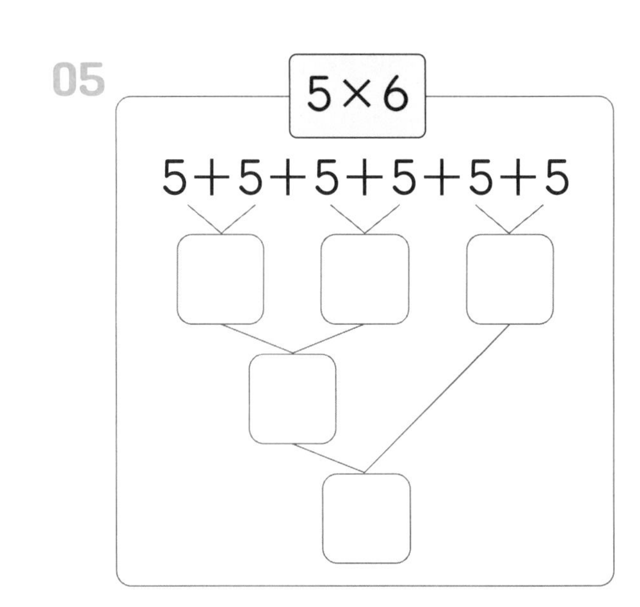

06
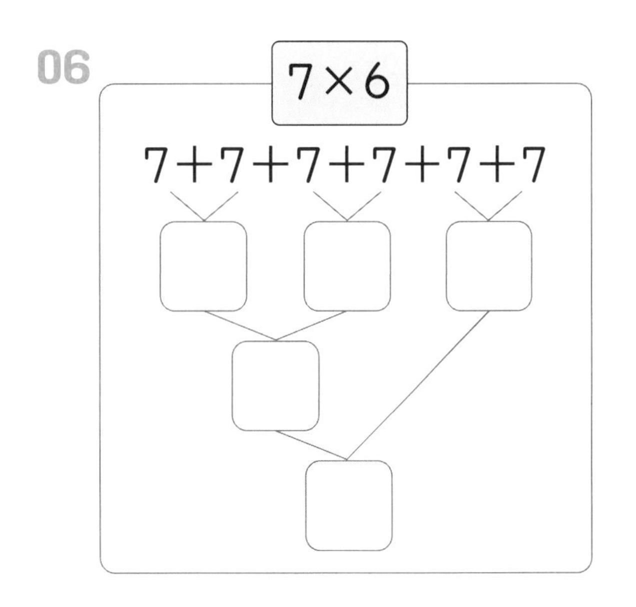

07
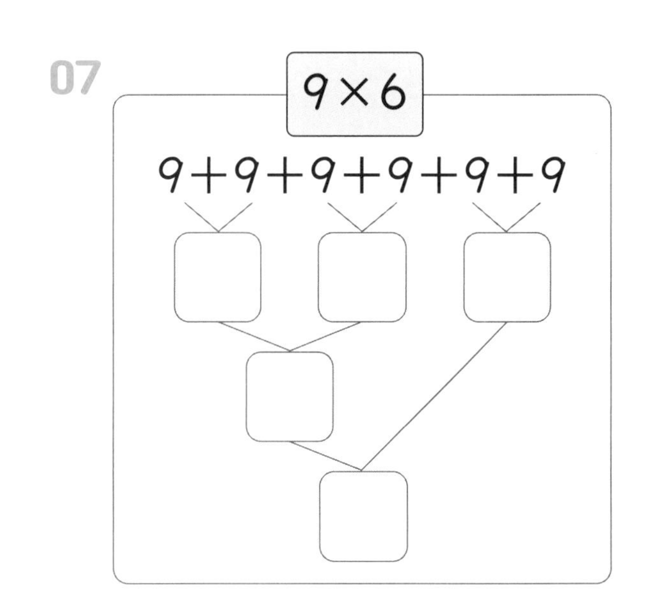

곱셈식을 덧셈식으로 바꾸어 둘씩 더해서 계산하세요.

3×4
=(3 + 3)+(3 + 3)
= 6 + 6
= 12

01 5×4
=(□ + □)+(□ + □)
= □ + □
= □

02 7×4
=(□ + □)+(□ + □)
= □ + □
= □

03 6×4
=(□ + □)+(□ + □)
= □ + □
= □

04 8×6
=(□ + □)+(□ + □)+(□ + □)
= □ + □ + □
= □

05 4×7
=(□ + □)+(□ + □)+(□ + □)+4
= □ + □ + □ +4
= □

Ⓑ 순서를 바꾸어 계산하면 간편한 경우가 있어요

덧셈식의 수의 개수가 적도록 곱셈식의 순서를 바꾸어 계산합니다. □ 안에 알맞은 수를 써넣으세요.

01

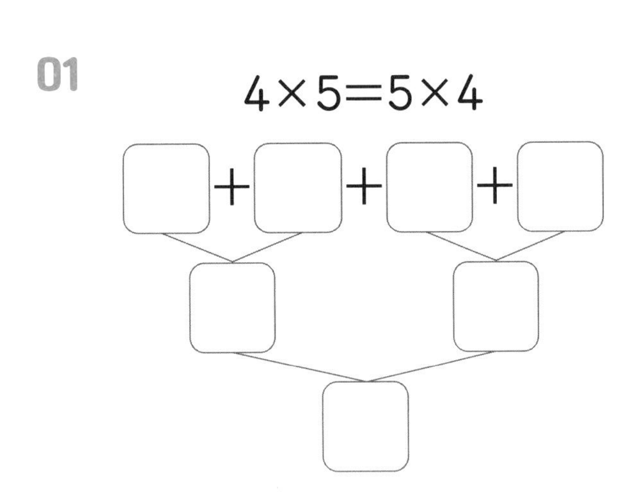

02

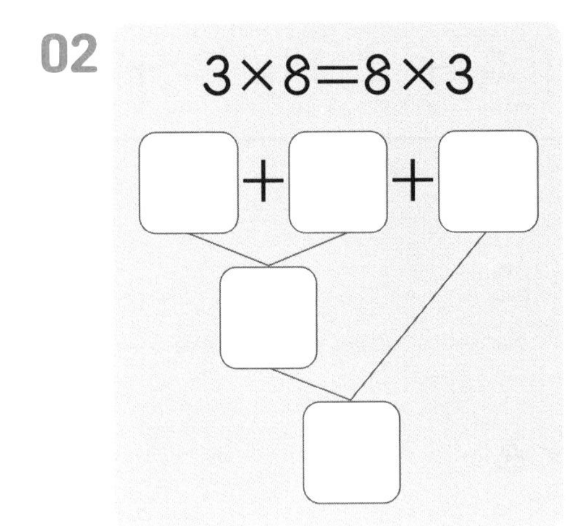

03

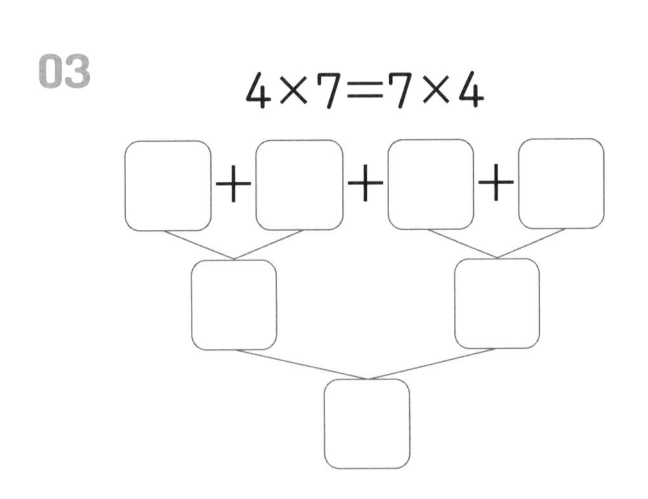

04

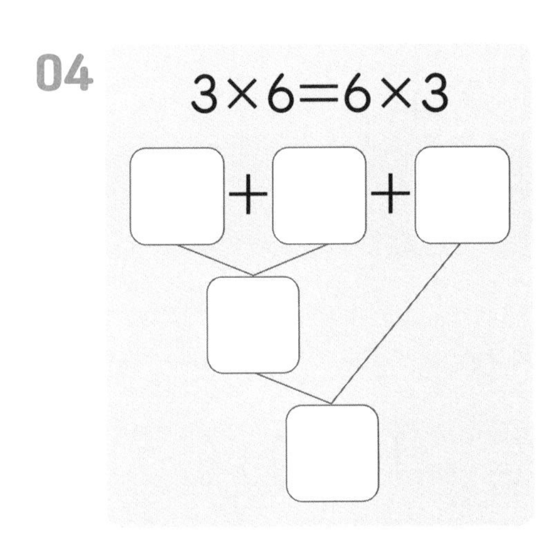

05

$6\times9=9\times6$

□ + □ + □ + □ + □ + □

덧셈식의 수의 개수가 적도록 곱셈식의 순서를 바꾸어 계산합니다. □ 안에 알맞은 수를 써넣으세요.

01

4×9
$=9\times4$
$=(\square+\square)+(\square+\square)$
$=\square+\square$
$=\square$

02

3×5
$=5\times3$
$=(\square+\square)+\square$
$=\square+\square$
$=\square$

03

4×6
$=6\times4$
$=(\square+\square)+(\square+\square)$
$=\square+\square$
$=\square$

04

3×7
$=7\times3$
$=(\square+\square)+\square$
$=\square+\square$
$=\square$

05

7×8
$=8\times7$
$=(\square+\square)+(\square+\square)+(\square+\square)+\square$
$=\square+\square+\square+\square$
$=\square$

4 PART

32 A 곱셈 종합 연습
같은 수의 덧셈을 이용해서 곱셈을 계산해요

계산하세요.

01 $4\times6=$

4×6=6×4이니까 둘 중에 편리한 것으로 계산해 볼까?

02 $7\times3=$

03 $9\times5=$

04 $8\times2=$

05 $6\times8=$

06 $7\times4=$

07 $5\times4=$

08 $3\times3=$

09 $2\times5=$

10 $6\times2=$

11 $8\times5=$

12 $4\times4=$

13 $9\times7=$

14 $2\times7=$

15 $8\times9=$

16 $9\times8=$

17 $6\times3=$

18 $5\times3=$

19 $3\times8=$

20 $3\times5=$

21 $7\times8=$

계산하세요.

01 $9\times2=$	02 $4\times3=$	03 $6\times4=$
04 $3\times6=$	05 $7\times5=$	06 $5\times5=$
07 $9\times4=$	08 $2\times8=$	09 $8\times4=$
10 $5\times7=$	11 $6\times9=$	12 $7\times7=$
13 $2\times4=$	14 $4\times5=$	15 $3\times7=$
16 $9\times9=$	17 $8\times7=$	18 $4\times7=$
19 $7\times6=$	20 $8\times8=$	21 $5\times9=$

교과에선 이런 문제를 다루어요

01 그림을 보고 □ 안에 알맞은 수를 써넣으세요.

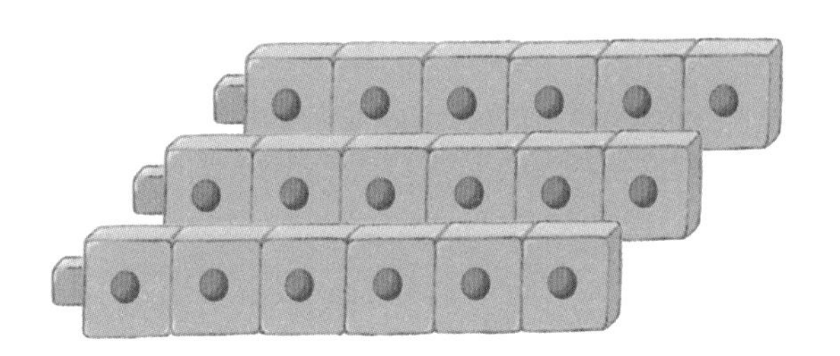

6씩 □ 묶음은 □ 입니다.

6의 □ 배는 □ 입니다.

02 그림을 보고 나무 막대의 개수를 곱셈식으로 나타내세요.

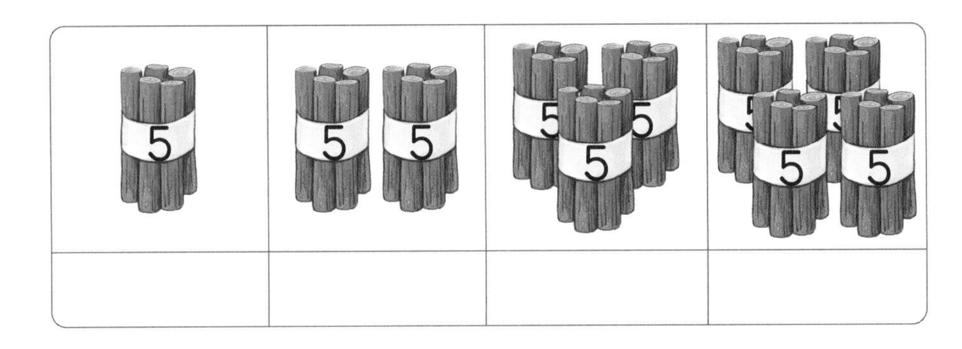

03 구슬은 모두 몇 개인지 곱셈식으로 나타내세요.

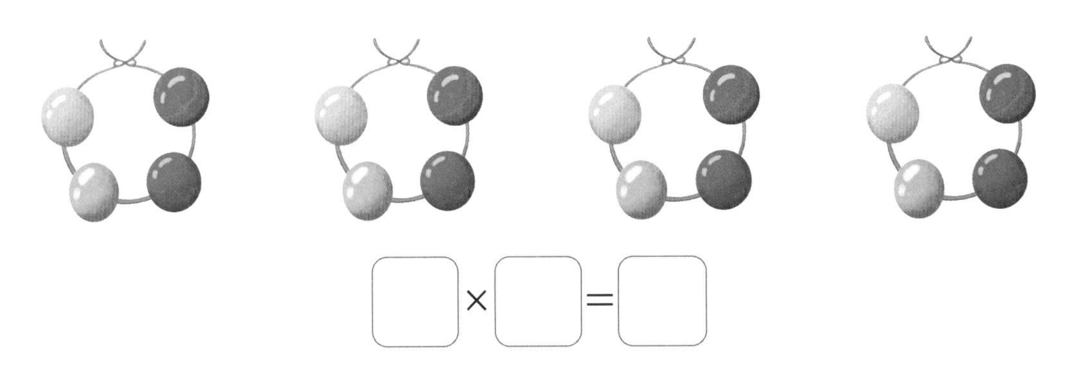

□ × □ = □

04 사탕이 3개씩 7묶음 있습니다. 사탕은 모두 몇 개인지 덧셈식, 곱셈식으로 각각 구하세요.

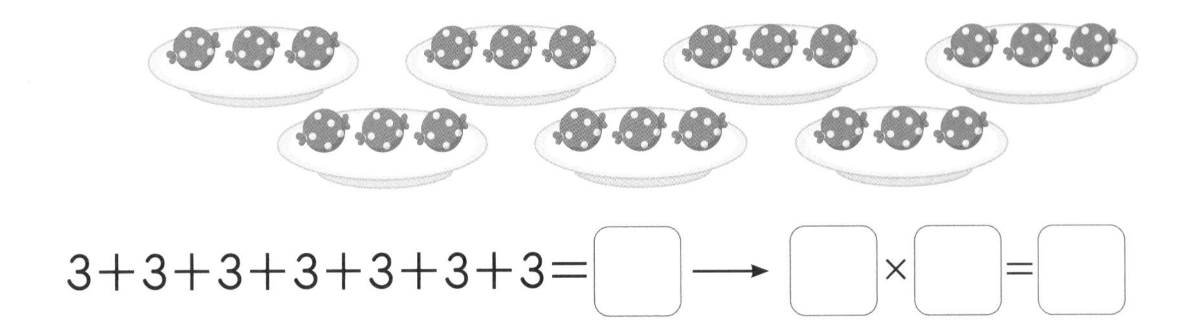

$3+3+3+3+3+3+3=$ □ ⟶ □ × □ = □

05 □ 안에 알맞은 한 자리 수를 써넣으세요.

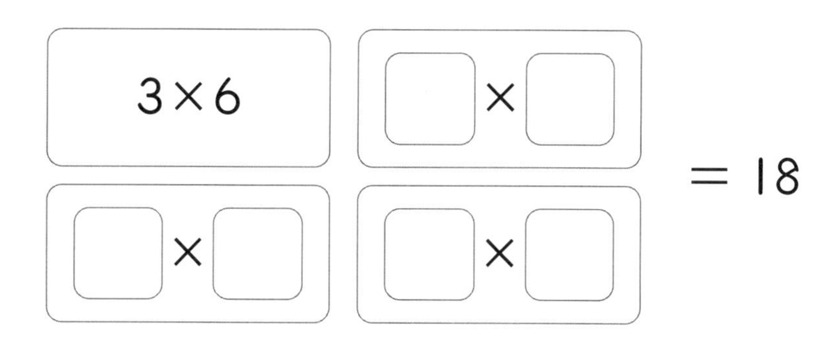

06 □ 안에 알맞은 수를 써넣으세요.

- 9씩 5묶음은 □의 □배입니다.
- 9의 5배는 9+9+9+9+9=□입니다.
- 45는 9의 □배입니다.

07 규칙적으로 동그라미가 그려진 식탁보 위에 접시를 두었습니다. 식탁보에 그려진 동그라미는 모두 몇 개일까요?

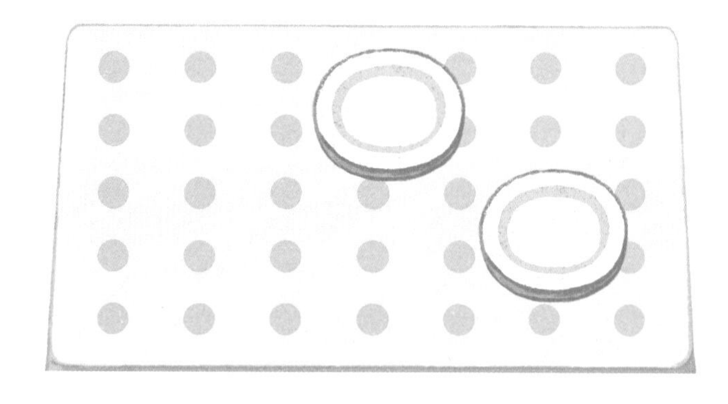

식 : ______________________

답 : ______개

Quiz Quiz Part 4

막대 쌓기

똑같이 생긴 색깔 막대를 1개씩 쌓았습니다. 가장 아래의 막대부터 순서대로 번호를 쓰세요.

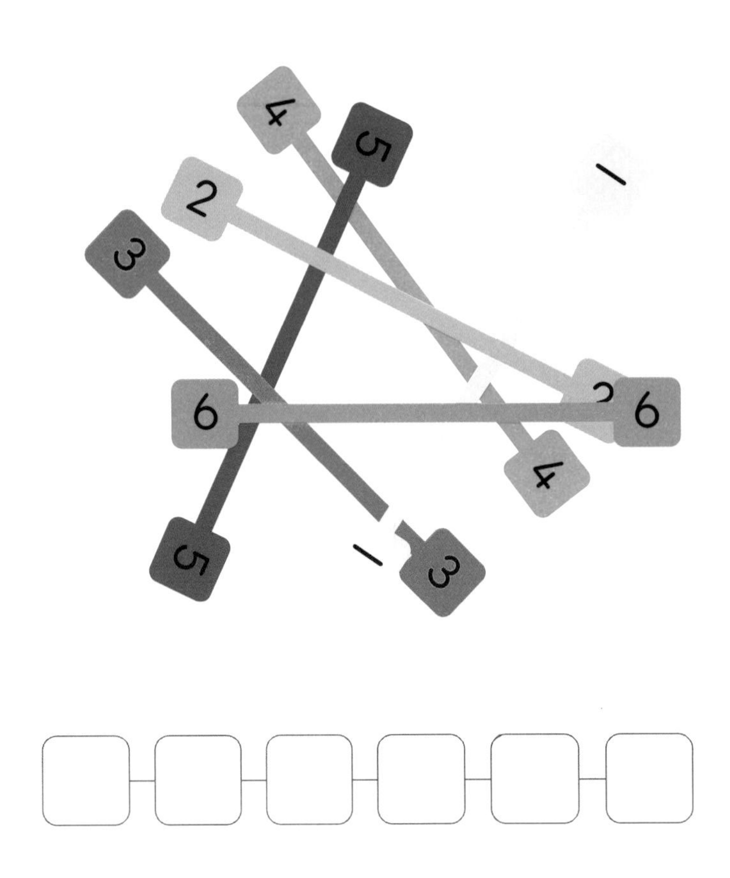

□-□-□-□-□-□

PART 1. 두 자리 수의 덧셈

01A ▶ 10쪽

01 12 22	02 13 63	03 11 51	04 12 42
05 17 67	06 15 25	07 11 31	08 15 55
09 14 44	10 16 56	11 13 43	12 14 84

▶ 11쪽

01 71	02 34	03 51
04 44	05 74	06 42
07 32	08 25	09 55
10 42	11 70	12 62
13 51	14 33	15 40
16 92	17 82	18 91

01B ▶ 12쪽

01 82	02 56	03 73
04 61	05 42	06 53
07 60	08 51	09 52
10 42	11 85	12 74
13 66	14 24	15 57
16 73	17 62	18 91

▶ 13쪽

	01 52	02 52
03 93	04 41	05 63
06 40	07 93	08 32
09 84	10 22	11 43
12 46	13 35	14 61

02A ▶ 14쪽

01 2, 4, 44	02 3, 2, 32
03 1, 2, 72	04 2, 2, 62
05 3, 3, 83	06 1, 4, 54
07 2, 5, 35	08 1, 6, 76
09 1, 5, 55	10 3, 1, 21

▶ 15쪽

01 53	02 32	03 56
04 47	05 83	06 22
07 27	08 74	09 41
10 31	11 32	12 61
13 46	14 42	15 63
16 33	17 94	18 21

02B ▶ 16쪽

01 1, 24, 34	02 2, 71, 81
03 1, 63, 73	04 3, 82, 92
05 2, 24, 34	06 1, 31, 41
07 2, 72, 82	08 3, 13, 23
09 1, 36, 46	10 3, 51, 61

▶ 17쪽

01 65	02 22	03 43
04 37	05 82	06 32
07 32	08 45	09 51
10 23	11 22	12 42
13 56	14 44	15 61
16 72	17 52	18 74

03A ▶ 18쪽

01 13 40 53	02 12 40 52	03 11 10 21
04 15 60 75	05 17 70 87	06 16 50 66
07 12 50 62	08 11 30 41	09 14 20 34

▶ 19쪽

01 11 60 71	02 14 20 34	03 12 40 52	04 12 30 42
05 14 30 44	06 11 50 61	07 16 70 86	08 13 70 83
09 13 30 43	10 12 60 72	11 13 20 33	12 14 10 24
13 12 50 62	14 15 40 55	15 18 30 48	16 13 10 23

03B ▶ 20쪽

01 44	02 64	03 52	04 43
05 34	06 65	07 27	08 42
09 72	10 33	11 55	12 24

▶ 21쪽

		01 64	02 72
03 42	04 54	05 33	06 27
07 83	08 75	09 41	10 52
11 61	12 20	13 73	14 53
15 96	16 42	17 34	18 45

04A ▶ 22쪽

01 53	02 43	03 31
04 35	05 73	06 64
07 20	08 34	09 44
10 75	11 64	12 76
13 42	14 53	15 52
16 23	17 22	18 74

▶ 23쪽

01 25	02 61	03 81
04 55	05 45	06 52
07 60	08 73	09 48
10 24	11 23	12 65
13 52	14 32	15 80
16 34	17 82	18 24

04B ▶ 24쪽

01

56	7	63
9	28	37
65	35	

02

47	6	53
4	19	23
51	25	

03

24	9	33
8	56	64
32	65	

04

47	7	54
9	33	42
56	40	

05

55	8	63
6	24	30
61	32	

06

18	8	26
6	35	41
24	43	

▶ 25쪽

	01 37, 85	02 55, 43
03 40, 34	04 73, 54	05 70, 33
06 66, 34	07 46, 25	08 84, 61

05A ▶ 26쪽

01 14 70 84	02 15 50 65	03 11 70 81	04 16 60 76
05 12 60 72	06 13 40 53	07 13 70 83	08 17 60 77

▶ 27쪽

01 65	02 82	03 91
04 67	05 43	06 84

04 6
05 4
06 2
07 5
08 3
09 1
10 4
11 7
12 2

29B ▶ 130쪽

01 4
02 2
03 2
04 2
05 3
06 1
07 5, 4
08 5, 3
09 2, 7

▶ 131쪽

01 3
02 4
03 5
04 2
05 2
06 2
07 1
08 3
09 2
10 1
11 7
12 4
13 3
14 6
15 3
16 4

30A ▶ 132쪽

01 4
02 7, 7
03 4
04 4, 6, 6

▶ 133쪽

01 8, 8, 8
02 4
03 5, 5
04 3
05 4, 4
06 3
07 4, 6
08 3, 5, 5
09 4, 2, 2, 2
10 6, 7, 7

30B ▶ 134쪽

01 3
02 5
03 4
04 3, 3
05 2
06 8
07 2
08 7, 7
09 4, 4, 4
10 6

▶ 135쪽

01 2
02 3
03 6, 6
04 5
05 6
06 4
07 5, 5
08 4
09 2
10 7
11 5
12 7

13 7, 7, 7, 7
14 6, 6, 6, 6, 6

31A ▶ 136쪽

01 10, 10 / 20
02 14, 14 / 28
03 16, 16 / 32
04 12, 12, 12 / 24 / 36
05 10, 10, 10 / 20 / 30
06 14, 14, 14 / 28 / 42
07 18, 18, 18 / 36 / 54

▶ 137쪽

01 5, 5, 5, 5 / 10, 10 / 20
02 7, 7, 7, 7 / 14, 14 / 28
03 6, 6, 6, 6 / 12, 12 / 24
04 8, 8, 8, 8, 8, 8 / 16, 16, 16 / 48
05 4, 4, 4, 4, 4, 4 / 8, 8, 8 / 28

31B ▶ 138쪽

01 5, 5, 5, 5 / 10, 10 / 20
02 8, 8, 8 / 16 / 24
03 7, 7, 7, 7 / 14, 14 / 28
04 6, 6, 6 / 12 / 18
05 9, 9, 9, 9, 9, 9 / 18, 18, 18 / 36 / 54

▶ 139쪽

01 9, 9, 9, 9 / 18, 18 / 36
02 5, 5, 5 / 10, 5 / 15
03 6, 6, 6, 6 / 12, 12 / 24
04 7, 7, 7 / 14, 7 / 21
05 8, 8, 8, 8, 8, 8, 8 / 16, 16, 16, 8 / 56

32A ▶ 140쪽

01 24
02 21
03 45
04 16
05 48
06 28
07 20
08 9
09 10
10 12
11 40
12 16
13 63
14 14
15 72
16 72
17 18
18 15
19 24
20 15
21 56

▶ 141쪽

01 18
02 12
03 24
04 18
05 35
06 25
07 36
08 16
09 32
10 35
11 54
12 49
13 8
14 20
15 21
16 81
17 56
18 28
19 42
20 64
21 45

교과에선 이런 문제를 다루어요 ▶ 142쪽

01 3, 18 / 3, 18
02 5×1=5, 5×2=10, 5×3=15, 5×4=20
03 4, 4, 16
04 21, 3, 7, 21
05 3×6, 2×9, 6×3, 9×2 = 18
06 9, 5, 45, 5
07 식 : 5×7=35(또는 7×5=35)
답 : 35

Quiz Quiz ▶ 144쪽

어떤 막대에도 가려지지 않은 6이 가장 위에 있습니다. 두 막대 중에 어떤 막대가 어떤 막대를 가리는지를 보고 어떤 막대가 더 위에 있는지 알 수 있습니다. 예를 들어 1번 막대는 2번 막대에 의해 가려지기 때문에 2번 막대가 1번 막대보다 위에 있게 됩니다.

▶ 79쪽

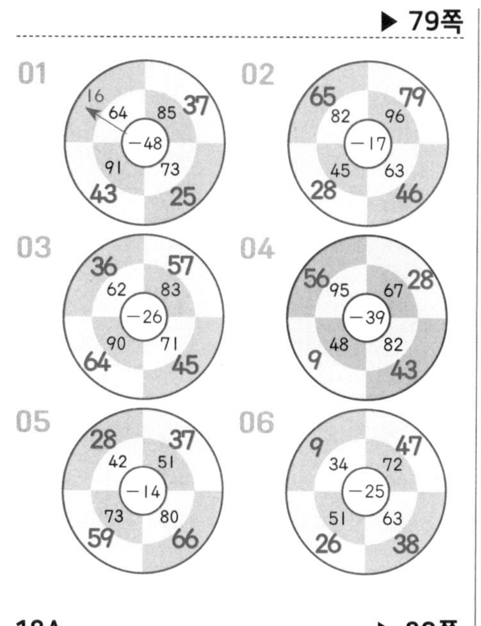

18A ▶ 80쪽

01 77 106	02 38 62	03 38 13
04 78 52	05 17 31	06 94 79
07 81 110	08 76 120	09 45 22

▶ 81쪽

01 121	02 124
03 24	04 17
05 93	06 92
07 154	08 43
09 58	10 26
11 28	12 19

18B ▶ 82쪽

01 157	02 94	03 112	04 188
05 169	06 121	07 165	08 136

▶ 83쪽

01 108	02 147
03 183	04 156
05 152	06 132
07 98	08 140
09 163	10 162
11 145	12 137

19A ▶ 84쪽

01 8	02 19
03 175	04 29
05 131	06 82
07 78	08 120
09 14	10 102
11 140	12 35

▶ 85쪽

01 43	02 163
03 31	04 14
05 152	06 26
07 18	08 73
09 56	10 75
11 47	12 158

19B ▶ 86쪽

01 51	02 70	03 18
04 25	05 33	06 82
07 103	08 108	09 17
10 56	11 15	12 57

▶ 87쪽

01 85	02 19
03 119	04 59
05 26	06 13
07 55	08 55
09 34	10 128

20A ▶ 88쪽

01 66	02 77	03 58
04 46	05 39	06 25
07 26	08 37	09 59
10 38	11 35	12 56

13 63	14 100
15 44	16 109
17 31	18 137

▶ 89쪽

01

64	37	27
45	8	37
19	29	

02

91	25	66
63	6	57
28	19	

03

72	26	46
55	7	48
17	19	

04

65	47	18
38	9	29
27	38	

05

80	46	34
35	9	26
45	37	

06

53	35	18
27	8	19
26	27	

교과에선 이런 문제를 다루어요 ▶ 90쪽

01 37, 18, 33

02 5, 4

03 식 : 73−56=17, 답 : 17

04 37, 63, 26, 19, 7 / 45, 78, 33, 52, 19

05 75, 15

06 81, 56　　67, 106

07 19; 24

08 식 : 45+39−18=66, 답 : 66

Quiz Quiz ▶ 92쪽

◆는 두 수의 합의 십의 자리 숫자와 일의 자리 숫자를 바꾸어 쓰는 규칙입니다.
◎는 두 수의 차의 십의 자리 숫자와 일의 자리 숫자를 바꾸어 쓰는 규칙입니다.

12 ◆ 34 = 64　　25 ◆ 42 = 76

17 ◎ 59 = 24　　41 ◎ 98 = 75

PART 3. 덧셈과 뺄셈의 관계

21A ▶ 94쪽

	01 3, 4, 7 4, 3, 7 7, 3, 4 7, 4, 3	02 1, 4, 5 4, 1, 5 5, 1, 4 5, 4, 1
03 3, 6, 9 6, 3, 9 9, 3, 6 9, 6, 3	04 2, 7, 9 7, 2, 9 9, 2, 7 9, 7, 2	05 2, 4, 6 4, 2, 6 6, 2, 4 6, 4, 2
06 1, 4, 5 4, 1, 5 5, 1, 4 5, 4, 1	07 2, 6, 8 6, 2, 8 8, 2, 6 8, 6, 2	08 1, 6, 7 6, 1, 7 7, 1, 6 7, 6, 1

▶ 95쪽

01 8, 2	02 5, 1	03 8, 6
04 6, 2	05 7, 3	06 9, 1
07 7, 5	08 9, 3	09 8, 4
10 4, 2	11 9, 5	12 7, 1

13 19 | 14 17 | 15 58
16 39 | 17 46 | 18 26

13B ▶ 62쪽

01	17 35	02	13 27
03	78 53	04	87 19
05	37 25	06	66 17
07	29 58	08	17 45

▶ 63쪽

01 87, 56 | 02 27, 65
03 47, 39 | 04 76, 32 | 05 43, 27
06 56, 69 | 07 36, 17 | 08 49, 88

14A ▶ 64쪽

01	21 14	02	82 76	03	34 29	04	22 14
05	52 47	06	42 38	07	43 35	08	31 23
09	34 28	10	85 78	11	22 19	12	45 39

▶ 65쪽

01 47 | 02 27 | 03 27
04 58 | 05 66 | 06 37
07 18 | 08 9 | 09 25
10 28 | 11 18 | 12 47
13 24 | 14 35 | 15 16
16 78 | 17 48 | 18 44

14B ▶ 66쪽

01 47 | 02 29 | 03 46
04 45 | 05 47 | 06 28
07 69 | 08 43 | 09 34
10 45 | 11 19 | 12 45
13 67 | 14 56 | 15 39
16 38 | 17 16 | 18 29

▶ 67쪽

01 23 | 02 36
03 38 | 04 49 | 05 64
06 37 | 07 16 | 08 19
09 17 | 10 49 | 11 46
12 47 | 13 19 | 14 26

15A ▶ 68쪽

01	15 4 19	02	23 4 27	03	24 1 25	04	37 2 39
05	22 5 27	06	71 2 73	07	34 2 36	08	45 3 48

▶ 69쪽

01 7 | 02 37 | 03 47
04 34 | 05 37 | 06 66
07 37 | 08 19 | 09 28
10 19 | 11 5 | 12 33
13 56 | 14 29 | 15 14
16 18 | 17 49 | 18 29

15B ▶ 70쪽

01 25 | 02 64 | 03 27
04 56 | 05 9 | 06 46
07 39 | 08 26 | 09 26
10 22 | 11 15 | 12 54
13 37 | 14 18 | 15 17
16 47 | 17 35 | 18 49

▶ 71쪽

01 34 | 02 33
03 25 | 04 54
05 13 | 06 27
07 14 | 08 44
09 45 | 10 16
11 25 | 12 58
13 35 | 14 19

16A ▶ 72쪽

01	7 30 37	02	8 20 28
03	3 40 43	04	6 10 16
05	7 40 47	06	7 30 37

▶ 73쪽

01	6 10 16	02	5 50 55	03	8 10 18	04	9 40 49
05	8 20 28	06	8 30 38	07	6 30 36	08	8 30 38
09	8 40 48	10	5 20 25	11	7 10 17	12	6 20 26
13	5 20 25	14	4 20 24	15	3 40 43	16	9 30 39

16B ▶ 74쪽

01 35 | 02 26 | 03 34 | 04 36
05 46 | 06 44 | 07 45 | 08 28
09 66 | 10 18 | 11 35 | 12 17

▶ 75쪽

01 68 | 02 36
03 39 | 04 66 | 05 15 | 06 49
07 7 | 08 14 | 09 25 | 10 16
11 37 | 12 37 | 13 17 | 14 28
15 13 | 16 28 | 17 15 | 18 27

17A ▶ 76쪽

01 35 | 02 55 | 03 79
04 49 | 05 19 | 06 37
07 18 | 08 28 | 09 57
10 49 | 11 38 | 12 36
13 18 | 14 67 | 15 39
16 16 | 17 15 | 18 13

▶ 77쪽

01 18 | 02 16 | 03 13
04 79 | 05 49 | 06 8
07 26 | 08 48 | 09 44
10 29 | 11 57 | 12 18
13 19 | 14 19 | 15 26
16 17 | 17 36 | 18 37

17B ▶ 78쪽

01 43 | 02 26 | 03 53
04 16 | 05 35 | 06 29
07 37 | 08 46 | 09 15
10 35 | 11 38 | 12 28

05

37	47		38	17
84	18		55	36
102			91	

06

```
   6 [5]          6 [8]
+ [3][8]  또는  + [3][5]
 1  0  3        1  0  3
```

07 방법1. 25+18=23+2+18
=23+20
=43

방법2. 25+18=20+10+5+8
=30+13
=43

여러 가지 방법이 가능합니다.

Quiz Quiz ▶ 46쪽

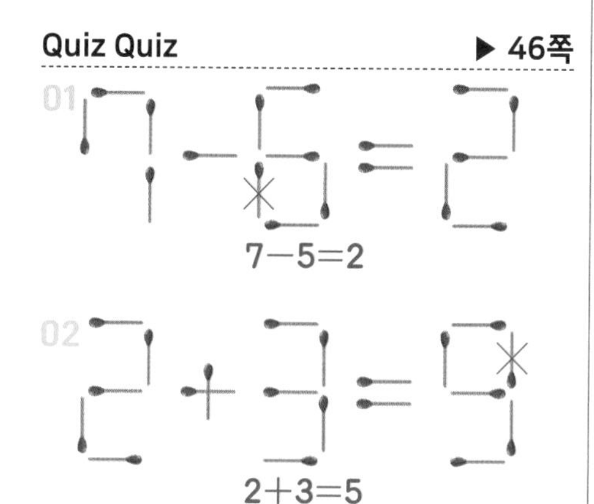

PART 2. 두 자리 수의 뺄셈

10A ▶ 48쪽

01	02	03	04
13 6 46	11 5 35	15 7 87	12 5 55

05	06	07	08
16 8 38	13 8 18	12 3 53	14 6 26

▶ 49쪽

01 37	02 26	03 35
04 43	05 17	06 85
07 19	08 45	09 56
10 38	11 29	12 13
13 67	14 59	15 39
16 57	17 15	18 47

10B ▶ 50쪽

01 36	02 19	03 37
04 15	05 57	06 85
07 38	08 27	09 48
10 44	11 59	12 36
13 68	14 68	15 45
16 28	17 38	18 17

▶ 51쪽

	01 38
02 87	03 49
04 38	05 18
06 36	07 45
08 77	09 19
10 67	11 24

11A ▶ 52쪽

01	02	03	04
5, 4 16	7, 1 39	1, 2 48	4, 4 56

05	06	07	08
3, 3 87	4, 5 35	1, 3 17	3, 5 45

▶ 53쪽

01 85	02 25	03 16
04 38	05 48	06 34
07 66	08 19	09 47
10 57	11 78	12 86
13 38	14 55	15 77
16 89	17 57	18 58

11B ▶ 54쪽

01 54	02 74	03 27
04 53	05 28	06 77
07 13	08 37	09 16
10 46	11 16	12 68
13 66	14 45	15 34
16 38	17 67	18 85

▶ 55쪽

01 17	02 49
03 65	04 28
05 36	06 53
07 75	08 17
09 46	10 64
11 88	12 34
13 22	14 56

12A ▶ 56쪽

01	02	03
6 40 46	6 30 36	5 10 15

04	05	06
5 70 75	2 20 22	8 10 18

07	08	09
9 60 69	8 40 48	7 70 77

▶ 57쪽

01	02	03	04
8 80 88	6 10 16	7 40 47	6 80 86

05	06	07	08
8 40 48	4 50 54	8 30 38	9 60 69

09	10	11	12
5 10 15	5 40 45	9 10 19	5 30 35

13	14	15	16
5 40 45	6 70 76	7 50 57	7 30 37

12B ▶ 58쪽

01 44	02 19	03 87	04 26
05 89	06 29	07 75	08 45
09 25	10 38	11 36	12 16

▶ 59쪽

		01 28	02 85
03 35	04 18	05 56	06 27
07 19	08 87	09 38	10 57
11 13	12 25	13 67	14 45
15 36	16 23	17 77	18 48

13A ▶ 60쪽

01 75	02 46	03 42
04 59	05 56	06 37
07 56	08 39	09 46
10 17	11 68	12 75
13 36	14 25	15 79
16 47	17 65	18 17

▶ 61쪽

01 54	02 46	03 76
04 43	05 19	06 59
07 48	08 64	09 23
10 36	11 27	12 19

21B ▶ 96쪽

01 17, 24, 41 / 24, 17, 41 / 41, 17, 24 / 41, 24, 17
02 25, 37, 62 / 37, 25, 62 / 62, 25, 37 / 62, 37, 25
03 19, 49, 68 / 49, 19, 68 / 68, 19, 49 / 68, 49, 19
04 26, 46, 72 / 46, 26, 72 / 72, 26, 46 / 72, 46, 26
05 28, 64, 92 / 64, 28, 92 / 92, 28, 64 / 92, 64, 28
06 23, 42, 65 / 42, 23, 65 / 65, 23, 42 / 65, 42, 23
07 18, 59, 77 / 59, 18, 77 / 77, 18, 59 / 77, 59, 18
08 21, 62, 83 / 62, 21, 83 / 83, 21, 62 / 83, 62, 21
09 33, 48, 81 / 48, 33, 81 / 81, 33, 48 / 81, 48, 33

▶ 97쪽

01 54, 16　02 82, 46　03 92, 20
04 87, 57　05 67, 11　06 117, 29
07 90, 18　08 116, 20　09 93, 29
10 73, 37　11 135, 29　12 97, 21

22A ▶ 98쪽

01 3, 2, 5 / 5, 2, 3 / 5, 3, 2
02 2, 5, 7 / 7, 2, 5 / 7, 5, 2
03 3, 6, 9 / 9, 3, 6 / 9, 6, 3
04 8, 7, 15 / 15, 7, 8 / 15, 8, 7
05 4, 6, 10 / 10, 4, 6 / 10, 6, 4
06 7, 9, 16 / 16, 7, 9 / 16, 9, 7

▶ 99쪽

01 45, 19, 64 / 64, 19, 45 / 64, 45, 19
02 37, 39, 76 / 76, 37, 39 / 76, 39, 37
03 15, 65, 80 / 80, 15, 65 / 80, 65, 15
04 34, 48, 82 / 82, 34, 48 / 82, 48, 34
05 14, 51, 65 / 65, 14, 51 / 65, 51, 14
06 34, 63, 97 / 97, 34, 63 / 97, 63, 34
07 22, 39, 61 / 61, 22, 39 / 61, 39, 22
08 48, 24, 72 / 72, 24, 48 / 72, 48, 24
09 17, 38, 55 / 55, 17, 38 / 55, 38, 17
10 46, 51, 97 / 97, 46, 51 / 97, 51, 46
11 28, 63, 91 / 91, 28, 63 / 91, 63, 28
12 49, 34, 83 / 83, 34, 49 / 83, 49, 34

22B ▶ 100쪽

01 7, 2, 5 / 2, 5, 7 / 5, 2, 7
02 9, 6, 3 / 3, 6, 9 / 6, 3, 9
03 8, 7, 1 / 1, 7, 8 / 7, 1, 8
04 14, 6, 8 / 6, 8, 14 / 8, 6, 14
05 14, 5, 9 / 5, 9, 14 / 9, 5, 14
06 11, 3, 8 / 3, 8, 11 / 8, 3, 11

▶ 101쪽

01 57, 32, 25 / 25, 32, 57 / 32, 25, 57
02 63, 48, 15 / 15, 48, 63 / 48, 15, 63
03 76, 27, 49 / 27, 49, 76 / 49, 27, 76
04 96, 54, 42 / 42, 54, 96 / 54, 42, 96
05 61, 36, 25 / 25, 36, 61 / 36, 25, 61
06 57, 38, 19 / 19, 38, 57 / 38, 19, 57
07 75, 36, 39 / 36, 39, 75 / 39, 36, 75
08 94, 78, 16 / 16, 78, 94 / 78, 16, 94
09 72, 35, 37 / 35, 37, 72 / 37, 35, 72
10 86, 71, 15 / 15, 71, 86 / 71, 15, 86
11 56, 37, 19 / 19, 37, 56 / 37, 19, 56
12 90, 59, 31 / 31, 59, 90 / 59, 31, 90

23A ▶ 102쪽

01 16, 9, 7　02 9, 3, 6
03 10, 4, 6　04 15, 6, 9
05 39, 27, 12　06 43, 15, 28
07 51, 28, 23　08 62, 36, 26

▶ 103쪽

01 7　02 1　03 5
04 6　05 3　06 9
07 7　08 8　09 5
10 5　11 13　12 28
13 16　14 26　15 25
16 24　17 18　18 46
19 19　20 41　21 34

23B ▶ 104쪽

01 5　02 7
03 4　04 6
05 37　06 27
07 45　08 19
09 11　10 48
11 28　12 41

▶ 105쪽

01 2　02 5　03 3
04 2　05 8　06 9
07 3　08 4　09 7
10 19　11 46　12 54
13 22　14 38　15 28
16 25　17 6　18 74
19 36　20 24　21 41

24A ▶ 106쪽

01 14, 6, 8　02 9, 7, 2
03 11, 5, 6　04 13, 4, 9
05 52, 17, 35　06 43, 26, 17
07 35, 19, 16　08 69, 28, 41

▶ 107쪽

01 5　02 6　03 8
04 2　05 7　06 1
07 5　08 9　09 3
10 44　11 64　12 28
13 9　14 43　15 17
16 60　17 34　18 27
19 22　20 46　21 39

24B ▶ 108쪽

01 7　02 6
03 2　04 5
05 15　06 59
07 36　08 14
09 58　10 47
11 28　12 23

▶ 109쪽

01 7　02 2　03 3
04 6　05 7　06 1
07 4　08 8　09 5
10 27　11 39　12 66
13 59　14 6　15 22
16 46　17 17　18 13
19 35　20 58　21 45

25A ▶ 110쪽

01 8, 5, 13 또는 5, 8, 13　02 4, 9, 13 또는 9, 4, 13
03 6, 3, 9 또는 3, 6, 9　04 9, 7, 16 또는 7, 9, 16
05 24, 39, 63 또는 39, 24, 63　06 15, 18, 33 또는 18, 15, 33
07 17, 43, 60 또는 43, 17, 60　08 29, 25, 54 또는 25, 29, 54

▶ 111쪽

01 12　02 11　03 15
04 17　05 13　06 9
07 10　08 14　09 8
10 31　11 84　12 61
13 90　14 54　15 69
16 56　17 93　18 62
19 47　20 87　21 71

25B ▶ 112쪽

01 15　02 8
03 17　04 14
05 79　06 65
07 53　08 81
09 88　10 92
11 84　12 95

▶ 113쪽

01 8　02 12　03 7
04 16　05 11　06 13
07 13　08 6　09 10
10 92　11 76　12 51
13 80　14 75　15 63
16 62　17 82　18 85
19 63　20 75　21 81

26A ▶ 114쪽

01 2　02 10　03 9
04 9　05 6　06 13
07 4　08 5　09 7
10 28　11 36　12 25
13 58　14 42　15 31
16 66　17 48　18 70
19 76　20 35　21 69

▶ 115쪽

01 1　02 5　03 16
04 8　05 7　06 9
07 6　08 13　09 5
10 23　11 38　12 48
13 37　14 67　15 70
16 19　17 73　18 6
19 15　20 27　21 91

교과에선 이런 문제를 다루어요 ▶ 116쪽

01 23−7=16
23−16=7
02 23, 42
34, 53
03 19+37=56, 56−19=37
(또는 37+19=56, 56−37=19)
04 73−□=48
05 식 : 15−□=9, 답 : 6
06 식 : □+19=46, 답 : 27
07 식 : 32+□=39, 답 : 7
08 29
어떤 수를 □라 하면
□+17=63, □=46입니다.
바르게 계산하면 46−17=29 입니다.

Quiz Quiz ▶ 118쪽

왼쪽, 위로 갈수록 수가 커지는 규칙을 이용합니다. 9는 가장 왼쪽, 가장 위의 칸에 써넣고, 1은 가장 오른쪽, 가장 아래의 칸에 써넣습니다.

9	8	5
7	6	2
4	3	1

이 외에도 여러 가지 정답이 가능합니다.

PART 4. 곱셈

27A ▶ 120쪽

01 3, 9
02 5, 10　03 2, 18
04 2, 12　05 3, 24
06 3, 21　07 3, 15

▶ 121쪽

01 5+5+5+5=20
02 3+3+3+3+3+3+3=21
03 7+7=14
04 8+8+8+8=32
05 5+5+5+5+5=25
06 4+4+4+4+4+4+4=28
07 6+6+6=18
08 3+3+3+3+3=15
09 9+9+9+9=36

27B ▶ 122쪽

01 7, 14, 21, 28 ; 4, 28
02 4, 8, 12, 16, 20, 24, 28, 32 ; 8, 32
03 8, 16, 24 ; 3, 24
04 6, 12, 18, 24, 30 ; 5, 30

▶ 123쪽

01 7, 14, 21
02 9, 18, 27, 36
03 5, 10, 15, 20
04 8, 16, 24, 32, 40
05 3, 6, 9, 12, 15
06 2, 4, 6, 8, 10
07 6, 12, 18, 24, 30, 36
08 4, 8, 12, 16, 20, 24
09 7, 14, 21, 28, 35, 42, 49

28A ▶ 124쪽

01 5, 4, 20　02 9, 3, 27
03 2, 6, 12　04 4, 4, 16
05 6, 5, 30　06 3, 7, 21
07 7, 8, 56
08 8, 9, 72

▶ 125쪽

01 3+3+3+3+3=15
02 6+6+6+6+6+6+6=42
03 2+2+2+2+2+2+2+2=16
04 7+7+7+7=28
05 8+8+8+8+8=40
06 4+4+4+4=16
07 9+9+9+9+9+9=54
08 2+2+2+2=8
09 5+5+5+5+5=25
10 6+6+6+6=24

28B ▶ 126쪽

01 3, 5, 15
5, 3, 15
02 4, 5, 20
5, 4, 20
03 3, 4, 12
4, 3, 12
04 5, 7, 35
7, 5, 35
05 4, 6, 24
6, 4, 24

▶ 127쪽

01 5, 4, 20　02 7, 3, 21
03 9, 6, 54　04 2, 8, 16
05 6, 5, 30　06 4, 9, 36
07 5, 2, 10　08 6, 7, 42
09 5, 3, 15　10 8, 4, 32

29A ▶ 128쪽

01 4　02 2
03 5　04 6

▶ 129쪽

01 2　02 3　03 5

07 57　08 75　09 82
10 55　11 52　12 60
13 63　14 65　15 93
16 85　17 77　18 70

05B
▶ 28쪽

01 7, 120, 127　02 8, 100, 108　03 8, 110, 118　04 8, 140, 148
05 13, 140, 153　06 11, 100, 111　07 12, 100, 112　08 10, 130, 140

▶ 29쪽

01 129　02 124　03 160
04 114　05 169　06 133
07 151　08 144　09 126
10 118　11 164　12 155
13 124　14 106　15 142
16 131　17 115　18 153

06A
▶ 30쪽

01 2, 32, 92　02 1, 45, 115
03 3, 32, 52　04 1, 23, 83
05 2, 41, 121　06 3, 23, 73
07 2, 74, 114　08 1, 32, 102

▶ 31쪽

01 123　02 103　03 84
04 101　05 151　06 172
07 94　08 52　09 133
10 134　11 123　12 53
13 116　14 152　15 121
16 93　17 31　18 132

06B
▶ 32쪽

01 83　02 113　03 75
04 132　05 60　06 91
07 76　08 85　09 140
10 97　11 92　12 123
13 85　14 113　15 52
16 63　17 120　18 146

▶ 33쪽

01 104, 83　02 57, 64
03 112, 91　04 83, 65
05 64, 75　06 87, 93
07 82, 107　08 52, 111

07A
▶ 34쪽

01 14, 120, 134　02 11, 50, 61　03 13, 70, 83
04 11, 30, 41　05 12, 70, 82　06 14, 60, 74
07 17, 110, 127　08 13, 130, 143　09 10, 50, 60

▶ 35쪽

01 10, 80, 90　02 15, 110, 125　03 15, 150, 165　04 10, 70, 80
05 13, 120, 133　06 13, 50, 63　07 8, 120, 128　08 15, 70, 85
09 12, 150, 162　10 15, 80, 95　11 17, 50, 67　12 8, 140, 148
13 9, 120, 129　14 15, 40, 55　15 8, 110, 118　16 13, 110, 123

07B
▶ 36쪽

01 193　02 110
03 113　04 102　05 141　06 152
07 171　08 133　09 116　10 134

▶ 37쪽

01 118　02 104
03 133　04 134　05 124　06 125
07 84　08 165　09 158　10 115
11 134　12 110　13 113　14 106
15 122　16 135　17 156　18 123

08A
▶ 38쪽

01 112　02 91　03 93
04 152　05 155　06 76
07 151　08 112　09 61
10 110　11 73　12 141
13 123　14 90　15 140
16 84　17 67　18 133

▶ 39쪽

01 72　02 144　03 114
04 145　05 103　06 121
07 64　08 82　09 77
10 95　11 73　12 91
13 131　14 110　15 124
16 81　17 91　18 104

08B
▶ 40쪽

01 56　02 81　03 134
04 131　05 72　06 174
07 83　08 60　09 155
10 122　11 111　12 54

▶ 41쪽

01 132　02 140
03 103　04 51
05 91　06 113
07 84　08 131
09 142　10 82
11 65　12 123

09A
▶ 42쪽

01 134　02 33　03 141
04 83　05 103　06 28
07 73　08 75　09 43
10 32　11 132　12 65
13 82　14 71　15 163
16 43　17 54　18 85

▶ 43쪽

01 85, 54, 72　02 55, 33, 87
03 94, 42, 61　04 70, 31, 42
05 86, 71, 92　06 70, 22, 54
07 83, 66, 91　08 61, 54, 73
09 106, 74, 121　10 121, 50, 62
11 75, 22, 33　12 71, 33, 114

교과에선 이런 문제를 다루어요
▶ 44쪽

01 23, 42
02 54, 73, 123
03 [3] 7 + 6 [9] = [1] 0 6　　8 [4] + [6] 7 = [1] 5 1
04 식 : 28+34=62, 답 : 62